U0239463

四川特色水果
贮藏与加工

李玉锋 ◎ 主编

中国农业出版社
北　京

编 委 会

　　四川是全国重要的水果产区，生态条件优越，气候类型多样，水果种类丰富。近年来，在全省现代农业产业基地和特色效益农业大发展的背景下，四川水果产业得到快速发展，区域布局更加优化，优势产业更加突出，产业效益更加明显，已成为推动农业结构调整、区域经济发展和农民脱贫增收的重要产业。生态多样性决定了四川区域特色十分突出，并由此形成在全国独具优势的特色水果产业，如攀西特产晚熟杧果、冬春枇杷，龙泉山脉特产早熟水蜜桃、早熟梨、红肉猕猴桃、优质枇杷、优质葡萄，阿坝藏族羌族自治州特产优质樱桃、夏秋枇杷、优质酿酒葡萄，"热带飞地"泸州特产晚熟荔枝、晚熟龙眼等。龙泉山脉的枇杷、水蜜桃、早熟梨，攀西的晚熟杧果，苍溪、都江堰的红肉猕猴桃，会理的石榴等特色水果呈现标准化、规模化发展态势。

　　四川省水果产业主要呈现出以下几大特点：一是产业逐渐向优势区域聚集。经过多年的发展，目前全省初步形成了长江及主要支流鲜食加工兼用型柑橘、川中柠檬、川西晚熟柑橘及宽皮柑橘和赤水河、金沙江河谷优质鲜食柑橘等4个柑橘产业带，以及龙门山脉红心猕猴桃、攀西晚熟杧果、优质鲜食葡萄、特色樱桃、优质水蜜桃、晚熟荔枝、晚熟龙眼、枇杷、石榴、苹果和梨等十大水果集中生产区。二是产业化经营初具规模。可士可、华朴、佳美、康定红、柠都和福仁缘等龙头企业分别在重点产区从事橙汁、葡萄酒、柠檬系列产品加工，以及猕猴桃、梨、苹果、石榴、枇杷等果汁、果酱、脆片等深加工产品的生产开发，龙头企业带动延长了产业链条。三是品牌效应日益彰显。全省打造了龙门山猕猴桃、苍溪红心猕猴桃、攀西枇果、会理石榴、安岳柠檬、双流冬草莓、丹棱橘橙、汶川樱桃等区域性水果品牌。四是三产融合更加紧密。全省以花果为媒的休闲旅游业蓬勃发展，为农民开辟了增收新渠道。本书适合果蔬种植户、农业合作社、食品加工中小企业使用。

目 录

前言

第一章 橘果类

第一节 柑 橘

一、概况

柑橘（*Citrus reticulata* Banco）种植历史悠久，其中，*C. medica* 是柑橘属中最具权威性的祖先品种之一。*C. medica* 起源于东南亚，后传播到地中海、波斯和其他大陆。目前商业上重要的柑橘种类，如柑橘、甜橙和葡萄柚，实际上都是 *C. medica* 的杂交品种。

中国柑橘的栽培历史可追溯到 4000 多年前的夏代。《禹贡》中提到的"橘"和"柚"曾被列为大禹王的贡品；秦汉时期，我国柑橘栽培已形成"蜀汉江陵千树橘"的气势；南宋时期，我国推出的世界上第一部较为完整的柑橘专著《橘录》，详细描述了当时如何栽培柑橘和柑橘的栽植密度；元明清时期，柑橘栽培技术更为成熟，品种日益增多，《种树书》《本草纲目》《农政全书》等古代著作中都有关于柑橘的记载。由此可以推断，中国在 2000 多年前柑橘栽培已经较为普遍。

柑橘口感酸甜适中，且具有独特的香气，一直深受广大消费者的喜爱，是世界上重要的商品型水果。柑橘具有较高的营养、保健及药用价值，被公认为保健类水果。大量研究报道表明，柑橘富含多种营养物质，具有抗氧化、抗炎、降低胆固醇、预防心脑血管疾病等功效。相比其他水果，柑橘果实中含有更多的类黄酮、类柑橘苦素、类胡萝卜素等几大类主要生物活性物质，具有更高的营养价值。其中类黄酮有较高的药用价值，在维持血管渗透压平衡、提高毛细血管韧性、降低血管脆性和缩短出血时间等方面具有一定功效。除此之外，类黄酮还有降低血脂、胆固醇，防治高血压、脑出血、冠心病、心绞痛等功效。最近研究发现，类黄酮还具有提高免疫力和保护神经的作用。

我国是柑橘种植大国，2016 年，我国柑橘种植面积 256.080 万公顷，柑橘产量高达 3 764.87 万吨，占世界柑橘种植面积的 18%，是世界主要柑橘生产和消费大国之一。我国有 19 个生产柑橘的省份，其中湖南、湖北、福建、浙江、四川和台湾等 10 多个省（区、市）是柑橘的主要生产地区。柑橘主要分为柑、橙、橘、柚四种，柑橘果实成熟，皮厚难剥，皮色橙黄或橙红，味甜酸，耐贮藏；橘子品种较多，果实较小，皮薄而疏松，皮色橙红、朱红或橙黄，味甜或酸，耐贮藏。橙子皮光滑、薄、紧实，不易剥落，肉质酸甜，香气浓郁，耐贮藏。柚子是柑橘类水果的一种，皮粗糙且厚，柚子的果实部分很紧，不易破开，味道或甜或酸，最耐贮藏。

2019 年，我国柑橘种植面积为 3 925 万亩*，产量为 4 584.54 万吨，与 2018 年的种植面积 3 730.5 万亩、产量 3 816.78 万吨相比，分别净增 194.5 万亩和 767.76 万吨，增长率分别为 5.23% 和 2.32%。柑橘种植面积居前 3 位的省（区）是广西、湖南和江西，柑橘产量居前 3 位的省（区）是广西、湖南和湖北；柑橘种植面积增幅居前 3 位的省（区）是广西、四川和湖南。柑橘产量增加最多的 3 个省（区、市）是广西、重庆和湖南；在 17 个有柑橘种植面积、产量数据的省（区、市）中，面积增加的有 13 个，减少的有 1 个，不变的有 3 个；产量增加的有 14 个，减少的有 3 个（表 1 - 1、表 1 - 2）。2018 年、2019 年全国及各省（区、市）柑橘平均亩产及比较具体见表 1 - 3。

表 1 - 1　2018 年、2019 年全国及各省（区、市）柑橘面积和增减比较（万亩）

省（区、市）	2018 年	2019 年	同比增减	增减百分比（%）
湖南	576.00	600.00	24.00	4.20
广西	582.00	658.50	76.50	13.10
江西	490.50	504.00	13.50	2.80
广东	346.50	352.50	7.50	2.20
四川	459.00	484.50	25.50	5.60
湖北	340.50	349.50	9.00	2.60
重庆	318.00	333.00	15.00	4.70
福建	198.00	207.00	7.50	3.80
浙江	132.00	133.50	1.50	1.10
贵州	102.00	109.50	7.50	7.40
云南	112.50	126.00	13.50	12.00
陕西	34.40	36.00	1.50	4.40
河南	13.50	6.00	−7.50	−55.60
海南	10.50	12.00	1.50	1.40
上海	6.00	6.00	0.00	

---

*　1 亩＝1/15 公顷。

（续）

省（区、市）	2018 年	2019 年	同比增减	增减百分比（%）
安徽	3.00	3.00	0.00	
江苏	3.00	3.00	0.00	
甘肃	未统计	未统计		
西藏	未统计	未统计		
全国	3 730.50	3 925.50	195.00	5.23

表 1 - 2 2018 年、2019 年全国及各省（区、市）柑橘产量及增减比较（万吨）

省（区、市）	2018 年	2019 年	同比增减	增减百分比（%）
湖南	528.57	560.4	31.90	6.03
广西	836.50	1 124.52	288.02	30.44
江西	410.79	413.18	2.36	0.06
广东	437.19	464.80	27.61	6.30
四川	432.98	457.73	24.75	5.72
湖北	488.05	478.22	−9.84	−2.02
重庆	261.28	295.07	33.80	12.94
福建	339.22	365.76	26.53	7.82
浙江	183.72	183.40	−0.32	−1.72
贵州	47.87	52.37	4.59	9.58
云南	98.11	108.57	10.47	10.67
陕西	46.91	50.36	3.45	7.36
河南	3.91	4.63	0.72	18.48
海南	6.99	8.47	1.48	2.11
上海	10.75	10.84	0.09	0.89
安徽	2.29	3.08	0.79	34.71
江苏	3.01	2.87	−0.14	−4.61
甘肃	未统计	0.15		
西藏	未统计	0.06		
全国	3 816.78	4 584.54	767.76	2.32

表 1-3　2018 年、2019 年全国及各省（区、市）柑橘平均亩产及比较（千克/亩）

省（区、市）	2018 年	2019 年	同比增减	增减百分比（%）
湖南	917.66	934.11	16.45	179
广西	1 437.26	1 707.69	270.43	18.82
江西	837.49	819.79	−17.7	−2.11
广东	1 261.76	1 318.59	56.83	4.50
四川	1 036.30	944.74	−91.56	−7.41
湖北	1 433.34	1 474.45	41.11	2.87
重庆	821.62	814.69	−6.66	−0.81
福建	1 713.25	1 766.94	53.69	3.13
浙江	1 050.91	1 373.81	322.90	30.73
贵州	469.33	478.27	8.94	1 391
云南	872.05	461.70	−10.35	−1.19
陕西	1 363.57	1 398.85	35.28	2.59
河南	289.71	722.83	433.12	149.50
海南	666.25	705.95	39.70	5.96
上海	2 686.58	1 806.55	−876.03	−32.61
安徽	752.47	1 025.87	273.40	36.33
江苏	1 002.57	956.77	−45.80	−4.57
甘肃	未统计			
西藏	未统计			
全国	1 214.08	1 167.89	−46.19	−3.80

　　柑橘是四川传统的大宗果树产业，2019 年柑橘产量在全国排名第 5 位，广泛分布在盆地内平坝、浅丘和盆周部分山区，集中分布在长江河谷、金沙江河谷以及嘉陵江、沱江、岷山流域周边地区。主产区的光、温、水及土壤条件极适合柑橘生长，与国内其他柑橘主产区相比，具有"冬季无冻害，周年无台风，无溃疡病、黄龙病等毁灭性检疫病害"的得天独厚的生态、地理优势；有先进的柑橘生产管理经验和技术，广大农民种植柑橘积极性较高。

　　四川柑橘品种资源丰富，选育出了一大批适应性强、品质优良的品种

（系），如新世纪脐橙、21世纪脐橙、江安35号夏橙、蓬安100号锦橙等，许多果品获部优、省优称号。1990年以来，通过农业部组织的"948"项目、民间渠道、合作交流等形式，四川省从国外引进了上百个优新品种（系），形成了早、中、晚熟品种配套、鲜食加工品种配套的资源优势，橙类比重有所提高，同时，一些名、特、优、新品种有了一定的发展。四川的夏橙、柑橘、塔罗科血橙和不知火等橘橙种植面积、产量居全国第一，所产脐橙、锦橙、夏橙、柑橘多次荣获省优、国优称号和国际农业博览会金奖，特别是安岳素有"中国柑橘之乡"的美誉。金沙江河谷、安宁河谷生态条件得天独厚，属于富热区，光照充足、热量丰富，生产的脐橙比国内其他脐橙产地同一品种成熟期提早1个月左右，国庆节就能上市销售，是不可多得的早熟优质脐橙产区，该区的雷波脐橙享誉省内外。

二、柑橘采后商品化处理

柑橘果实商品化处理是指柑橘果实采摘后的分拣、清洗、表面处理、分级、贴标及包装等系列行为。商品包装主要有对果实保护、美化，便于搬运、销售等作用。为减少果品损伤，包装箱中应备有干净、柔软的填充物，各层间放隔板或衬垫物。长途运输时，果品应选择分层成排或定个数装箱，不要装得太满，防止装运时压伤。外包装需标注商标、品名、数量、等级、执行标准号、产地、采收时间、保鲜条件及期限等。柑橘运输过程中应防止机械损伤。装运前果实应经过预冷处理，排除田间热。装运鲜果的工具必须清洁、牢固、干燥、无异味，有防雨、防潮、防污染和遮阳等功能。运输时要做到三快：快装、快运、快卸；严禁果实露天日晒雨淋；严禁乱丢乱掷，押运员在运输途中要精心管理。

柑橘的采后商品化处理方法如下：

（一）采收

1. 适时分批采收

果实已表现或基本表现出该品种固有的特征，如糖、酸含量达到该品种应有的标准，果面色泽和香气正常等，大致为果面基本转黄、果实较硬时可开始采收。久雨或大雨之后，最少间隔1～2天再开始采果。采果要做到先熟先采，弱树先采，分批采收，尽量提早采收。这样有利于留树果加快生长，由小果变大果，还能促进采后树势恢复，促进花芽分化。

2. 采用一果两剪

采果要用圆头型采果剪，做到一果两剪。这样做既可减少伤口果，又可防止春梢丛发。第一剪从树上带 3 叶剪下，顺带对柑橘结果枝进行顶端修剪。第二剪齐果柄剪平。

3. 采果注意事项

采果时应按照先下后上、由外向内的顺序；树冠较高时，要站在采果梯或高凳上采摘。尽可能将树冠顶部、中部、下部的果实分开放置。机械伤果、落地果、病虫果、霜冻果及残次果不能用于贮藏。橘枝等杂物不要混在果中。

柑橘果实采收时必须坚持霜、露、雨水未干不采收；选黄留青、分批采摘；采果时须剪齐指甲或戴上手套，以防伤果，并先外后内，先下后上，要求采用复剪法（第一剪离果蒂 3~5 厘米处剪下，再齐果蒂剪一下），果蒂剪平，防剪刀伤；果筐内须放柔软物，轻拿轻放；伤果、落地果、黏泥果及病虫果必须分开堆放等。

（二）清洗

采果后要及时消毒防腐，在柑橘采摘环节中，柑橘表面会携带一些细菌，因此在采摘后及时清洗并进行消毒是非常重要的一个环节。此外，还要在采收前进行喷药保护，一般可喷施 70% 甲基托布津可湿性粉剂 1 200~1 500 倍液，或 50% 多菌灵可湿性粉剂 1 000 倍液。但是对于不准备贮藏的柑橘，最好不要喷药。贮藏用果实要比其他果实采收略早，这是因为待果实完全成熟后，其内部营养物质会消耗，从而不利于贮藏。

（三）分级

（1）基本要求。根据每个等级的规定和允许误差，果实应符合下列基本条件：果实外形完整、完好，无裂果、无冻伤果；无刺伤、碰压伤、无擦伤或过大的愈合口；无腐烂、变质果，洁净，基本不含可见异物；基本无萎蔫、浮皮现象；无冷害、冻害；表面干燥，但冷藏取出后的果实表面结冰和冷凝现象除外；无异常气味或滋味；果实具有适于市场或贮运要求的成熟度；允许对柑橘果实进行"脱绿"处理，但要符合表 1 - 4 的要求，并且使用方法应按国家有关规定执行。

（2）等级划分。在符合基本要求的前提下，柑橘类果实可分为特等品、一等品和二等品三个等级，各等级应符合下列规定（表1-4）。

表1-4　柑橘类果实等级标准

项目		特等品	一等品	二等品
果形		具有该品种典型特征，果形一致，果蒂青绿完整平齐	具有该品种典型特征，果形较一致，果蒂完整平齐	具有该品种典型特征，果形无明显畸形，果蒂完整
果面	色泽	具该品种典型色泽，完全均匀着色	具该品种典型色泽，75%以上均匀着色	具该品种典型色泽，35%以上均匀着色
	缺陷	果皮光滑；无雹伤、日灼、干疤；允许单果有极轻微油斑、菌迹、药迹等缺陷。单果斑点不超过2个，柚类每个斑点直径≤2.0毫米，金柑、南丰蜜橘等小果型品种每个斑点直径≤1.0毫米，其他柑橘每个斑点直径≤1.5毫米。无水肿、枯水、浮皮果	果皮较光滑；无雹伤；允许单果有轻微日灼、干疤、油斑、菌迹、药迹等缺陷，但单果斑点不超过4个，柚类每个斑点直径≤3.0毫米，金柑、南丰蜜橘等小果型品种每个斑点直径≤1.5毫米，其他柑橘单个斑点≤2.5毫米。无水肿、枯水果，允许有极轻微浮皮果	果面较光洁，允许单果有轻散雹伤、日灼、干疤、油斑、菌迹、药迹等缺陷，单果斑点不超过6个，柚类每个斑点直径≤4.0毫米，金柑、南丰蜜橘等小果型品种每个斑点直径≤2.0毫米，其他柑橘单个斑点≤3.0毫米。无水肿果，允许有轻微枯水、浮皮果

（四）包装与运输

对于包装的鲜果，同一包装中最大果与最小果的横径差异应在同一组别尺寸范围内；按个数包装时，同一包装中最大果与最小果的横径差异应在相邻两个组别尺寸范围内。但最大差异值应在表1-5所列范围。

表1-5　柑橘类果实横径标准

品种类型		尺寸组别	同一包装中果实横径的最大差异（毫米）
甜橙类	脐橙、锦橙	2L	11
		L~M	9
		S~2S	7
	其他甜橙	2L	10
		L~M	8
		S~2S	6

（续）

品种类型		尺寸组别	同一包装中果实横径的最大差异（毫米）
宽皮柑橘类和橘橙类	椪柑类、橘橙类等	2L	9
		L～M	8
		S～2S	7
	温州蜜柑类、红橘、蕉柑、早橘、幔橘等	2L	7
		L～M	6
		S～2S	5
	朱红橘、本地早、南丰蜜橘、砂糖橘、年橘、马水橘等	2L	6
		L～M	5
		S～2S	4

包装容器应符合卫生、透气性和强度要求，保证柑橘适宜运输和贮藏。包装（或散装）容器不应有异味，不会对产品造成污染。包装容器外表面应有该品种典型照片。

包装箱上应有明显标识，内容包括：产品名称、等级、规格、产品执行标准编号、生产者、包装商和分销商详细地址、产地、净含量和采收、包装日期。若需冷藏保存，应注明保藏方式。标注内容要求字迹清晰、完整、规范。应用的保鲜剂和柑橘收获时期用的其他化学物质，可标示官方控制标识。

三、柑橘贮藏保鲜技术

（一）物理方法

1. 涂膜保鲜

涂膜保鲜主要有浸染法、喷涂法和刷涂法三种。浸染法最简单，即将涂料配成适当浓度的溶液，将果实浸入，蘸上一层薄薄的涂料，取出晾干即可。喷涂法是将果实洗净干燥后，喷上一层很薄的涂料。刷涂法则是用刷子蘸上涂料，涂到果实表面的方法。

常用的保鲜材料有①果蜡：它是最早使用的果蔬保鲜剂，是一种含蜡的水溶性乳液，喷涂在果实的表面，干燥后在果皮表面固化形成薄膜。经过打蜡的水果，色泽鲜艳，外表光洁美观，且保鲜效果好。②可食用膜：它是采用天然高分子材料，经过一定的处理后在果皮表面形成的一层透明光洁的膜。它具有较好的选择透气性、阻水性，与果蜡相比，具有无色、无味、无毒的优点。③纤维素膜：具有良好的成膜性，但对于气体的渗透阻隔性不佳。通常需要加入脂肪酸、甘油、蛋白质以改善性能。

果蔬涂膜技术可以有效减少外源性微生物的侵染，避免果蔬表皮细胞破裂造成的微生物生长和表面病原体的交叉感染，从而减少果蔬的腐烂。研究表明，使用2%的壳聚糖保鲜贮藏柚子可以减少微生物的侵袭，延长贮藏时间。涂膜形成的半透膜实际上在水果表面形成了低氧气和高二氧化碳的环境，抑制了果蔬的有氧呼吸，减少了营养物质的流失。薄膜处理明显降低了长期贮藏的柑橘果实的果汁细胞中柚皮苷和柑橘苦味素的含量，并延缓了贮藏过程中柚皮苷含量的增加。

2. 气调保鲜

气调保鲜是通过改变贮藏环境中的气体成分，形成低温、低浓度氧气和高浓度二氧化碳的贮藏气体环境，来降低柑橘的呼吸强度，减少营养物质的消耗，达到较好的保鲜效果。但是，过低的氧气浓度和过高的二氧化碳浓度会导致柑橘中毒，因此保持适宜的氧气和二氧化碳浓度，有利于保持柑橘的低水平有氧呼吸，减少无氧呼吸引起的果肉中乙醇的积累，保持果实品质，降低病害感染。

3. 冷藏保鲜

冷藏保鲜是现代果蔬贮藏的主要形式之一，它是利用稍高于果蔬冰点的温度来实现保鲜。该方法可以在气温较高的季节贮藏，保证水果的周年供应。低温冷藏可以减少果蔬的呼吸代谢，降低病原菌的发生率和果实的腐败率，防止组织老化，达到延长水果贮藏期的目的。但在冷库中，不适宜的低温会影响水果贮藏寿命，损失商品和食品价值。防止冷害和冻害的关键是根据不同果蔬的习性，严格控制温度，此外，果蔬贮藏前的预冷处理、化学处理等措施都能起到减少冷害的作用。

4. 辐照保鲜

辐照保鲜是利用电离辐射产生的射线及电子束对产品进行加工处理，使其中的水和其他物质发生电离，生成游离基或离子，产生杀虫、杀菌、防霉、调节生理生化等效应，从而达到保鲜目的的一种方法。它具有高效、安全可靠、无污染、无残留、保持食品原有色、香、味等优点。新鲜水果的辐射处理选用相对低的剂量，一般小于 3 千戈瑞，否则容易使水果变软、变味并损失大量的营养成分。樱桃、越橘均可以通过低剂量辐射来达到延长货架期、提高贮藏质量的目的。越橘以 0.25、0.5、0.75 千戈瑞辐射，在 1℃条件下分别贮藏 1、3、7 天，风味和质地不受影响。

（二）化学方法

臭氧保鲜

臭氧保鲜技术是把臭氧气体应用在冷库中，进行果蔬保鲜贮藏的一种方法，将臭氧应用在冷库中已有近百年的历史。1909 年法国德波堤冷冻厂使用臭氧对冷却的肉杀菌。1928 年美国人在天津建立"合记蛋厂"，其打蛋间就用臭氧消毒。我国应用臭氧冷藏保鲜起步较晚，随着臭氧发生器制造技术的完善，臭氧在冷库中的应用越来越广泛。

臭氧具有很强的氧化性，可以用于冷库杀菌、消毒、除臭、保鲜。由于臭氧具有不稳定性，把它用于冷库中辅助贮藏保鲜更为有利，因为它分解的最终产物是氧气，在所贮食物中不会留下有害残留。

研究表明，臭氧在冷库中有三个方面的作用机理：一是杀灭微生物，消毒杀菌；二是使各种有臭味的有机、无机物氧化除臭；三是使新陈代谢的产物被氧化，从而抑制新陈代谢过程，起到保质、保鲜的作用。

根据臭氧的物理、化学性质，把臭氧用于保鲜是有效的。试验表明把臭氧发生器安装在贮藏室距地面 2 米的墙壁上，每天开机 1～2 个小时，尽量关闭库门，保持和提高臭氧浓度达到 12～22 毫克/千克，并将室内湿度控制在 95％左右，杀菌保鲜效果能大大提高。

有研究表明，臭氧可使果蔬、饮料和其他食品的贮藏期延长 3～10 倍。在实际应用中，臭氧发生器应安装在冷库上方或自下向上吹；果蔬的堆码要有利于臭氧的接触、扩散。

（三）生物方法

生物保鲜

生物保鲜是一种正在兴起的食品保鲜技术，目前应用较多的是酶法保鲜，其原理是利用酶的催化作用，防止或消除外界因素对食品的不良影响，从而保持食品原有的品质。酶的催化作用具有专一性、高效性和温和性，因此可应用于各种水果保鲜，有效防止氧化和微生物对水果造成的不良影响。当前用于保鲜的生物酶种类主要有葡萄糖氧化酶和细胞壁溶解酶。有人将从真菌与放线菌等微生物菌种发酵液中提炼萃取的生物保鲜液用于荔枝、草莓等水果保鲜，效果也很理想。

四、柑橘加工

（一）柑橘鲜榨果汁

1. 工艺流程

原料挑选→清洗→去外皮→去籽→榨汁→过滤→鲜柑橘汁→调配→均质→灌装→封盖→杀菌→成品

2. 操作方法

（1）原料筛选。选用原料时，要选用在制造过程中不会使柑橘原汁产生苦味的品种，在进行中间贮存时，必须除去受伤的和不适合加工的果实。此外还应该迅速进行样品试验，以确定用这些原料制成原汁的质量，然后再将原料贮存到一个中间贮存库中。

（2）清洗，去外皮，去籽。最好采用轮式拣选机进行拣选，在清水中还应添加1％～2％的氢氧化钠和消毒剂。原料果实先经短时浸泡，然后进行旋转的清洗辊刷清洗，并用清洗水喷淋。喷头喷下的清洗水应是氯化水，含氯量为10～30毫克/升。最后用清水喷淋果实。

（3）榨汁，过滤。常规的仁果类、核果类和浆果类水果用的榨汁机，不能用于除油果实榨汁。目前柑橘榨汁采用的机械有 In-Line 榨汁机、布朗型榨汁机、安德逊榨汁机，榨汁时要尽量防止果皮油、白皮层和囊衣混入果汁，这些物质进入果汁后不仅会增加苦味，而且会产生加热臭，榨汁时还应避免种子破裂。

（4）除果肉。从榨汁机中流出的柑橘原汁中含有果肉，要用打浆机或其他类似设备滤去较大的果肉颗粒。

（5）调配，均质。均质是柑橘汁的必需工艺，高压均质机要求在10～20兆帕下完成。

（6）杀菌。如果仅仅为了保证柑橘原汁的微生物稳定性，选择71～72℃杀菌温度和相应的停留时间就足够了，但是为了钝化果胶甲酯酶和保证柑橘原汁的胶态稳定性，要选择86～99℃的杀菌温度和相应的停留时间。

（二）柑橘浓缩果汁

1. 工艺流程

原料挑选→清洗→去外皮→去籽→除油→榨汁→过滤→除果肉→脱气→杀菌→浓缩→成品

2. 操作方法

（1）原料筛选。选用原料时，要选用在制造过程中不会使柑橘原汁产生苦味的品种，在进行中间贮存时，必须除去受伤的和不适合加工的果实。此外还应该迅速进行样品试验，以确定用这些原料制成原汁的质量，然后再将原料贮存到一个中间贮存库中。

（2）清洗，去外皮。最好采用轮式拣选机进行拣选，在清水中还应添加1％～2％的氢氧化钠和消毒剂。原料果实先经短时浸泡，然后进行旋转的清洗辗刷清洗，并用清洗水喷淋。喷头喷下的清洗水应是氯化水，含氯量为10～30毫克/升。最后用清水喷淋果实。

（3）除油。清洗后的果实接着进入针刺式除油机，果皮在机内被刺破，果皮中的油从油胞中逸出，随喷淋水流走，再用碟式离心分离机就可以从甜橙油和水的乳浊液中把甜橙油分离出来，分离残液经循环管道再进入除油机中作喷淋水用。

（4）榨汁、过滤。常规的仁果类、核果类和浆果类水果用的榨汁机，不能用于除油果实榨汁。目前柑橘榨汁采用的机械有 In - Line 榨汁机、布朗型榨汁机、安德逊榨汁机，榨汁时要尽量防止果皮油、白皮层和囊衣混入果汁，这些物质进入果汁不仅会增加苦味，而且会产生加热臭，并应避免种子破裂。

（5）除果肉。从柑橘榨汁机中流出的甜橙原汁中含有果肉，要用打浆机或其他类似设备滤去较大的果肉颗粒。

（6）脱气。柑橘原汁非常容易氧化，从而导致饮料的颜色、滋味的变化和维生素C含量的损失，脱气对保持柑橘原汁质量有重要意义。脱气可采用离心喷雾式、加压喷雾式、薄膜流下式等设备。

（7）杀菌。如果仅仅为了保证柑橘原汁的微生物稳定性，选择 71～72℃ 杀菌温度和相应的停留时间就足够了，但是为了钝化果胶甲酯酶和保证柑橘原汁的胶态稳定性，要选择 86～99℃ 的杀菌温度和相应的停留时间。

（8）浓缩。柑橘浓缩汁主要采取冷冻浓缩法浓缩。浓缩至可溶性固形物至65％即可。

（9）成品。柑橘浓缩汁在-8～-5℃条件下冷冻浓缩后，装入内涂聚乙烯的桶内，密封后立即放入-30～-25℃的冷藏库内，不再经过杀菌工序，也就不存在因加热而使果汁品质恶化的问题。

（三）柑橘果冻制品

1. 工艺流程

原料处理→清洗→去外皮→去籽→除油→榨汁→过滤→除果肉→脱气→凝胶处理→加入白糖等辅料→包装→杀菌→冷却→成品

2. 操作方法

（1）原料处理。蜜柑人工剥皮、榨汁，过滤后去除渣和种子，得果汁待用。果汁用量多少看配方而定，有全部用果汁的，也有部分加入果汁的。

（2）凝胶处理。可用琼脂和海藻酸钠。如用琼脂数量为果汁重的1%，因为柑橘汁含果胶不多，要适当加入琼脂，把琼脂用20倍水浸泡8小时，加温并不断搅拌，使其溶解成均匀的胶体溶液。

（3）加入白糖等辅料。果汁和凝胶剂混合，加入果汁重30%的白糖，和0.1%～0.2%食用柑橘酸，最后加入0.05%山梨酸钾，共煮后灌装。

（4）包装。采用四旋瓶趁热灌瓶加盖，或用塑料杯包装再加盖密封，之后在100℃条件下杀菌10分钟。

（5）冷却。冷却后凝固而得成品。

以上加工法成本会高些，主要是需用多量果汁，如果减少果汁用量，可用水代替部分果汁，这样风味会降低，要相应加入少量柑橘香精和色素。如果在制品中没有果汁成分的只能称为人工果冻。果冻制品要求透明或半透明、嫩滑、芳香、甜酸可口，为老少咸宜的食品。

（四）柑橘果脯加工

1. 工艺流程

选果→剥皮→制坯→灰漂→漂水→撩坯→漂水→再压汁→漂水→第一次糖煮→第二次糖煮→整型→烘干→上糖液面→撒糖→成品→分级→包装入库

2. 操作方法

（1）选果。选用新鲜八成熟，果实坚硬，外表无虫蛀或机械伤，出口直径应大于5厘米的柑橘，剔除薄皮柑、麻柑及青柑。

（2）剥皮。刨去表面油层。

（3）制坯。用划缝器将鲜橘划成 4～6 瓣，用手挤压，以去除果汁及果核。

（4）灰漂。将处理好的橘坯倒入浓度为 0.2％的石灰水中浸泡 1 小时左右。

（5）漂水。捞出橘坯沥净石灰液，置于清水缸内，浸泡 24 小时，中间换水 3～4 次。

（6）撩坯。将清水入锅加热，快沸时倒入橘坯，并翻动橘坯，待水沸 4～5 分钟后即可捞出。

（7）漂水。捞出后置冷水中，再次漂洗。

（8）再压汁。撩坯后的橘坯清漂至冷却后，每次逐个挤压，去除余汁及石灰汁。再清漂 24 小时，再挤压其余汁，即可煮制。

（9）第一次糖煮。糖液波美度度 37°～38°，煮开后倒入柑饼，煮 1～1.5 小时，终点为糖液波美度 32°，入糖液腌 5～7 天。

（10）第二次糖煮。柑饼和糖液入锅煮开，加白糖，煮至终点为波美度 39°～40°。

（11）整型。捞出冷却。

（12）烘干。烘干至水分不超过 12％～17％。

（13）上糖液面。将糖水溶到波美度 40°，上好糖液面，将柑饼放入锅内搅拌，冷却。

（14）撒糖。为减少保藏期间吸湿和黏结，需在橘饼表面撒上干燥糖粉。

（15）分级。按优、良、合格划分等级。

第二节 柠 檬

一、概况

柠檬（*Citruslimon*（L.）*Burm. f.*）又称柠果、洋柠檬，适合种植在环境温暖的地方，也可以适应阴凉的环境，但是不能在严寒的环境中生存；柠檬适宜栽植于环境温暖舒适、土层深厚、排水良好的缓坡地，柠檬种植的土壤pH 为 5.5～7.0。柠檬为芸香科柑橘属药食同源芳香植物，柠檬的各个部位都含有多种维生素、有机酸、矿物质等营养物质，柠檬的枝、叶、果皮和根均可提取精油。

在冬无严寒、年温差小的地方，柠檬可以一年多次开花结果。不同花期所结的果实性状差异大。根据开花的时间不同，柠檬果实可分为春花果、夏花果、秋花果和冬花果，一年四季均有柠檬鲜果成熟采摘，但以春花果产量最大，春花果成熟采摘上市期集中于每年的 10—11 月。

柠檬富含维生素 A、维生素 B 族、维生素 C、维生素 E、维生素 P、糖类及钙、磷、铁等微量元素，烟酸、奎宁酸等生物成分。柠檬果实可溶性固形物含量 8.0％～8.5％，每 100 毫升柠檬果汁中柠檬酸含量达到 6％～7％，维生素 C 含量为 50～65 毫克。每 100 克柠檬果肉含热量 2.4 千焦，蛋白质 1.0 克，纤维素 1.7 克，钙 70 毫克，磷 10 毫克，铁 2.3 毫克，烟酸 0.1 毫克。

柠檬中含有大量的微量元素以及生物活性成分，这些物质能够强化人体肝肾功能、减少胆结石的形成、降低胆固醇含量，可在一定程度上有效预防口腔溃疡、高血压、感冒和心脏病等，柠檬还可以用来降低癌症的发病率、刺激造血细胞再生。柠檬香精油常用于高档食品、化妆品等的生产加工中，是一种天然的优质香料，其作为生产"柠檬烯"的主要原料可用于治疗胆结石。柠檬果胶广泛应用于食品、医药和航天航空等领域。

据记载，柠檬最初起源地为我国南部、印度东部喜马拉雅山麓以及缅甸等亚热带区域。目前世界上柠檬生产国有 100 多个，我国柠檬主产区在广东、云南、四川等地。柠檬种植面积广泛，目前为止，全球共种植柠檬 108.45 万公顷，产量高达 1 738.41 万吨，其中印度、墨西哥、中国、阿根廷、巴西、西班牙、土耳其 7 国属于主产国，加起来种植面积占全球的 64％，产量占全球的 70％。世界柠檬产业呈现出亚洲、美洲"并驾"，印度、墨西哥、中国等主产国"齐驱"的局面，柠檬生产规模呈持续增长势头。

我国是柠檬生产大国，柠檬（不含酸橙）总种植面积约 80 万亩，年产鲜果 100 万吨左右，主要分布在四川安岳、重庆万州和潼南等地。四川安岳地处沱、涪两江分水岭，属亚热带湿润季风气候，年均降水量 969.4 毫米，年平均相对湿度为 83％，年均日照 1 285.7 小时，年平均气温 17.3℃，年有效积温 5 700℃，海拔 247.0～551.2 米，安岳地形主要是丘陵，且丘坡多数为梯田、梯地，丘间沟谷发达，大多为弱碱性的紫色土。安岳的土壤和气候条件都十分适合柠檬生长，是发展柠檬生产的最适宜生态区之一。安岳被誉为"中国柠檬之都"，是我国唯一的柠檬商品生产基地县，也是单一柠檬品种最大的生产基地，因此具有鲜明的特色产业优势。安岳柠檬种植面积、产量和市场占有率均占全国的 80％以上，成为四川省首个在天津渤海交易所上市交易的农产品。

二、柠檬采后商品化处理

对柠檬进行商品化处理是为了提高柠檬鲜果的竞争力和柠檬产品的价值，通过商品化处理，可大大提高果实的外观品质，提高果实的商品价值，使柠檬的市场竞争力和经济效益显著提高。

柠檬鲜果商品化处理工艺分为两种：

第一种是将柠檬鲜果采用分级、抛光、涂蜡、包装等商品化处理方式使其成为商品果。工艺流程为：果实→漂洗（或淋洗）→刷洗→清水淋洗→烘干→涂蜡（或加防腐剂）→抛光→烘干→分级→贴标签（包商标纸）→装箱（装袋）→成品；

第二种是将柠檬鲜果采用分级、清洗消毒、套膜（加网套）、包装贮藏等方式使其成为商品果。

（一）采收

柠檬 1 年内有多次开花结果的特点，春花果在 10 月中旬至 11 月下旬采收；夏花果在 12 月至次年 1 月上旬采收；秋花果在次年 6 月上旬至 7 月上旬采收。

在柠檬果实横径不小于 40 毫米，颜色由深绿转为浅绿，甚至略呈淡绿色时或者柠檬果汁的含量达到 30％以上时就可以采收。柠檬果实采收时一般采用复剪法，按自上而下、从外至内的顺序进行。

（二）清洗

将采收后的柠檬果实剔除其中伤、病、虫、次果，打开传送带将果实传送进清洗池，除去果实表面的灰尘、泥土、病菌等，烘干后进行打蜡。

（三）分级

经打蜡后的果实，传送到选果台面上进行挑选，剔除次、劣果，让优质果进入分级带，经分级辊筒分级后装箱。

（四）包装与运输

柠檬果实在运输过程中，首先要对新鲜柠檬进行清洗、筛选，去除烂果；对柠檬表面进行干燥处理；对筛选后剩下的柠檬采用臭氧消毒 8～10 分钟，然后将消毒后的柠檬浸入保鲜液中浸泡 3～5 分钟，捞出干燥后，用网面式塑料泡沫袋逐个包装，放入冷库预冷，预冷结束后，将柠檬放入可密封的防震箱，调节防震箱内的气体环境和湿度，再将上述防震箱装入冷藏车或冷藏库。

三、柠檬贮藏保鲜技术

柠檬果在呼吸活动中没有高峰，新陈代谢进程缓慢。为了在贮藏过程中防止自身氧化变质、抵抗病菌侵入，柠檬果内部能合成具有较强氧化还原能力的精油和维生素 C；柠檬果实内富含柠檬酸，能满足果实内长期的代谢需求。只是在贮藏期间，柠檬果会经常发生果蒂脱落和退绿的现象。若果蒂脱落，柠檬果就容易被外界环境的各种真菌入侵感染，引起真菌性疾病，致使柠檬果腐烂变质；而果蒂脱落容易导致柠檬果退绿，柠檬果的生命活力会在退绿黄化后逐渐衰弱，从而导致柠檬果不能长期贮存和容易发生病变。

近年来，我国柠檬产业迅速发展，随着生产能力的提升，柠檬产销之间渐显弊端。目前，由于我国柠檬产业以中熟品种为主，早、晚熟品种较少，导致鲜果供应存在一定局限，加强果品贮藏技术可在一定程度上改善这一状况，错开果实集中上市时间，延长鲜果的寿命。每年的 8—12 月是柠檬果实的成熟季节，此时大量鲜果集中进入市场，价格低廉且供过于求，往往出现果实堆积变陈甚至腐烂的现象。因此，在柠檬采收后适度上市一定量的鲜果，而将其余大量柠檬切片烘干是一种行之有效的方法。但由于柠檬片在切片、干燥过程中会流失大量营养成分和人工成本增加等原因，这种办法对于广大柠檬种植户并不实用。而新鲜柠檬可最大限度地保留柠檬果实的全部营养物质，鲜食也是作为柠檬产品的一种主要消费方式。因此，柠檬鲜果的贮藏保鲜是解决上述问题最简单、最直接的方式。目前国内的柠檬保鲜技术主要有涂膜保鲜、气调保鲜、冷藏保鲜、留树保鲜等。

（一）物理方法

1. 涂膜保鲜

柠檬在采摘贮藏环节过程中，因蒸发作用和呼吸作用而产生萎蔫失重现象，外观受到很大影响，果皮在失水情况下产生皱缩现象，失重率是检验柠檬涂膜保鲜全过程的重要因素。涂膜处理是一种高效的物理保鲜手段，如壳聚糖、纤维素、果胶、淀粉等多糖类可食用膜材料，以其较好的成膜性、生物相容性和抑菌性而被广泛应用于果蔬保鲜，能有效降低果实腐烂造成的损失，但也存在抑菌范围窄、不稳定性以及抗氧化性差等问题，因此在实际应用环节中需要添加抗氧化剂或抑菌剂来改善以上问题。蛋白质涂膜包括乳清蛋白、卵蛋白等，它具有较好的涂膜特点，与果蔬亲水表面存在紧密联系，具有较好的缓冲保护作用，抗氧化能力强、保鲜效果良好、溶解性好，有利于其在人体内的分解和消化吸收。油脂类涂膜由蜡和油组成，主要包含液体石蜡、矿物油、巴西棕榈蜡、石蜡等，油脂类涂膜对阻碍果蔬的水汽蒸发有极好的效果。研究发现植物精油对多种多样的果蔬病原菌均具有较强的抑制作用，且抗氧化性较强，对于果蔬保鲜可单独或复合使用可食用材料进行涂膜。涂膜保鲜具有低成本、可信赖、保鲜时间长的特点，经涂膜处理后的柠檬外表光洁、色泽鲜艳，商品价值较高，货架期长，且包装和仓库贮藏简单，具有较高的市场竞争力。

柑橘类水果通常采用商业用蜡涂膜，以提升光泽度，减少水分流失和皱缩，但会影响鲜果的内部气体成分，导致无氧呼吸产生乙醇及异味。涂膜保鲜通常采用安全系数相对较高的、纯天然的一些高分子物质作为涂膜剂，采用涂膜、喷洒、浸渍的方式涂覆于果蔬表面，固化后形成一层极薄的保护膜。现阶段应用较多的多糖类涂膜剂有：壳聚糖、纤维素、果胶和魔芋葡甘聚糖等，均具有良好的成膜性和阻气性。涂膜影响柑橘果表皮气孔的大小及数目，气孔是碳同化作用、呼吸作用、蒸腾作用等气体代谢中空气和水蒸气的通道，其通过量是由保卫细胞的开闭作用来调节的；此外，气孔也是病原体和病原菌的侵入位点和区域，涂膜可以起到屏障保护等作用。

2. 气调保鲜

气调保鲜是通过调整贮藏环境的气体组成及比例来延长柠檬的贮藏寿命和货架期的技术，对于低氧气浓度的环境，不仅可以减弱或抑制脂肪氧化酸败，减少脂溶性维生素的损失，还可以抑制维生素 C、谷胱甘肽等的氧化，从而在一定程度上保存柠檬鲜果的营养价值。目前通常采用氧气、二氧化碳、氮气等气体成分对果蔬进行气调贮藏保鲜，其中氧气、二氧化碳主要起贮藏保鲜的作用，而氮气的存在是为了充当填充气体。气调贮藏保鲜技术对果蔬的保鲜机理包括：改变贮藏环境，降低呼吸作用，减少营养物质损耗；抑制蒸发作用，减少水分流失；调节环境气体氛围，抑制敏感性微生物生长，延缓果蔬腐败。

气调保鲜包括自发气调（MA）和机械气调（CA）两种，MA 具有成本低、操作简便等特点，但耗时长才能达到气调工作的状态，且贮藏环境内的气体成分和浓度很难控制，因此保鲜效果一般。CA 是利用机械冷库，使贮藏环境达到低温低氧的状态，及时排除果蔬产生的有害气体，以达到延长保鲜期的目的，具有贮藏量大、贮藏期长、贮藏质量好等优势，但操作复杂、耗能高、成本巨大。

柠檬对二氧化碳敏感，贮藏环境中一旦二氧化碳的含量升高，就会导致柠檬果皮干枯，果实发酵产生异味，缩短保鲜期限。据研究，气调贮藏温度 12~14℃，相对湿度 85%~90%，二氧化碳浓度低于 10%，含氧量 5%~10%，此环境下贮藏的柠檬保鲜期可达 8~9 个月。

3. 冷藏保鲜

冷藏保鲜是指将食品保存在 0℃ 以下至冰点以上的区域。在采用低温冷藏保鲜技术时，需注意具体的温度范围，防止温度过低柠檬受冻。温度过低虽然不会产生霉变，但会导致柠檬的感官品质变差，消费者食用体验不佳。预冷时，应采用专用预冷设备，在冷藏运输过程中，应采用一些新型的制冷设备降低能耗，同时达到提高果蔬保鲜品质的效果。最后，在销售过程中，应尽量减少腐败现象的产生，保证果蔬的质量安全。

4. 留树保鲜

留树保鲜是通过施用植物生长调节剂或生物制剂使果实自然成熟后仍留在树上而达到自然保鲜和延迟采收的保鲜方法。留树保鲜作为天然的保鲜方法，既可减少鲜果的药物残留，树体又能持续为果实提供营养物质，提高果实口感和品质。同时，留树保鲜可降低能耗、成本以及果农生产和贮藏的压力，具有简便高效，实用性、可操作性强的特点，一定程度上减少了农民的劳动成本。简言之，留树保鲜技术能延迟采收期 60～90 天，从而避开柠檬上市的高峰时期，一定程度上规避了柠檬鲜果供应集中化的现象。研究表明，在云南德宏地区柠檬留树保鲜过程中，可溶性固形物含量先升高后降低；果汁总酸和维生素 C 含量不断下降，还原糖含量则呈上升趋势。

5. 热处理

热处理技术（HWT）采用具有一定环境温度的热介质（如热水、热蒸汽和热空气等）对果蔬进行处理，从而达到果蔬保鲜的目的。根据操作方式，HWT 技术主要分为热水浸渍（HWD）和热水冲洗（HWRB）等，HWD（45～55℃，2～5 分钟）和 HWRB（55～65℃，10～30 秒）的处理条件与现有的加工包装线具备良好的兼容性，同时它们易与其他保鲜方法结合使用。近年来，热处理相关的新技术如间歇式热处理，结合臭氧或杀菌剂的综合热处理技术也相继在柑橘类水果采后贮前保鲜中得到应用。因此，热处理技术可以应用于柠檬保鲜处理。

（二）化学方法

1. 臭氧技术

臭氧是一种有着特殊气味的强氧化性气体，研究发现它具有杀菌消毒功效，在国外是得到美国食品药品监督管理局认可允许的可与食品直接接触的食品加工技术。适宜的臭氧浓度值对臭氧处理果蔬保鲜至关重要，浓度过低不能达到明显的抑菌保鲜效果，而高浓度的臭氧环境非常容易损害果实表皮质膜，进而加速果实腐烂。臭氧处理可通过臭氧水浸泡和臭氧气体熏蒸两种方法对果实进行处理。牛锐研究了臭氧对柑橘类果实保鲜效果的影响，发现 57 毫克/立方米臭氧熏蒸 5 分钟对柑橘果实维生素 C、可滴定酸和可溶性固形物没有影响，并能显著抑制柑橘的呼吸作用和 PPO 活性的升高，延缓细胞膜透性变化，减少果实腐烂的发生，从而延长了柠檬的贮藏期。

2. 气体熏蒸处理

二氧化硫可提高柠檬果实中超氧化物歧化酶（SOD）和过氧化氢酶（CAT）活性，抑制过氧化物酶（POD）活性的上升，减少过氧化氢的积累。柠檬果实中的精胺（Spm）和亚精胺（Spd）的含量在经过二氧化硫熏蒸处理后变化很小，基本维持在贮前水平，但在很大程度上抑制了腐胺（Put）的积累，贮藏5周后的果实未出现木质化败坏症状。这些结果表明，二氧化硫可能通过保持活性氧代谢的平衡从而抑制活性氧的积累，避免果实木质化。

3. 1-甲基环丙烯处理

1-甲基环丙烯（1-MCP）处理果蔬保鲜是近几年发掘的一种新型、高效、安全的保鲜方法，1-MCP化学性质活泼，特点是无毒性、高效率、低剂量等，可以在乙烯受体上体现出抑制乙烯合成的作用，从而降低乙烯的生成，达到延长货架期，保证果蔬品质的效果。

（三）生物保鲜

1. 动植物提取液

从动植物中获取的、具有抑制微生物生长、降低果实生理活性进而达到保鲜作用的生物活性物质被称为动植物提取液。一些研究表明，天然抑菌物质主要是通过影响病原菌的物质代谢、能量代谢和信号物质传递等，从而达到杀菌或抑菌的目的。

按照提取液来源可以将目前证实具有保鲜作用的天然提取物分为植物源和动物源两类。植物源提取物包括各类精油：芳香精油是重要的植物次生代谢产物，具有强烈的抑制或杀死多种真菌微生物的特性，其包含的挥发性柠檬醛可以控制脐橙的酸腐病；柠檬果实的果皮精油对柠檬果实常见的青绿霉病的病原菌（指状青霉和意大利青霉）具有很强的杀灭作用；肉桂精油能有效降低柠檬贮藏期间的果实腐败率，促进果实总糖的积累，抑制维生素C和可滴定酸含量的下降，另外还抑制了果实的呼吸强度，推迟了呼吸高峰出现，抑制了果肉中丙二醛含量的积累，从而达到延缓果实采后衰老、延长贮藏期的效果。动物源抑菌物质包括壳聚糖和壳寡糖等。壳聚糖，又称脱乙酰甲壳素，主要来源于虾蟹壳，也可由自然界广泛存在的几丁质经过脱乙酰作用得到，目前壳聚糖已被纳入国家可食性添加剂。壳寡糖是一类带正电荷的碱性氨基低聚糖，是由壳聚糖降解产生的带有氨基的低分子质量寡糖，与壳聚糖相比，小分子的壳寡糖的溶解性更好、在生物体内的利用性更高。有研究表明，经壳聚糖处理后的柠檬的过氧化物酶和超氧化物的歧化酶活性显著增加，同时果实中谷胱甘肽和过氧化氢积累量也显著提高。另外，经壳聚糖和壳寡糖处理还能有效抑制柑橘类果实青霉、绿霉和炭疽病的发生。

2. 拮抗微生物

生物保鲜方法是利用对柑橘类果实绿霉病和青霉病的致病菌具有一定的拮

抗作用的细菌等微生物，利用拮抗菌体与病原菌在营养和空间上的竞争作用，以及有害微生物对营养成分的竞争，进而抑制有害微生物的生长发育，达到保鲜的目的。拮抗菌体对病原菌的抑制作用通常是通过吸附生长、缠绕侵入、消解等多种形式，它能抑制其他微生物的生长或将其杀死，从而延长果蔬的贮藏期。利用微生物及其代谢产物控制果蔬采摘后可能发生的病害现象在近年来已经成为研究果蔬保鲜的热点。

目前生物防治上常用的拮抗类微生物有小型丝状真菌、细菌和酵母等。枯草芽孢杆菌能够有效抑制指状青霉的繁殖，可降低柠檬果实的采后腐败率。

四、柠檬加工

（一）柠檬饮料

柠檬饮料是以柠檬汁为主要原料再辅以一定成分比例辅料制成的饮品，在保有原柠檬营养成分的同时具有清爽鲜甜的口感，能生津止渴，是夏日消暑的利器，备受消费者的喜爱。

1. 工艺流程

原料挑选→清洗→去外皮→去籽→榨汁→过滤→鲜柠檬汁→调配→均质→灌装→封盖→杀菌→成品

2. 操作方法

（1）原料筛选。筛去霉烂、病虫危害的柠檬，余下新鲜成熟、饱满有光泽的柠檬作为原料备用。在原料柠檬表面均匀涂抹一层盐，将表面的杂质和污垢清洗干净。

（2）除油。在除油机中放入清洗干净的柠檬，果皮会被针刺除油机中的针刺破，果皮中的油从细胞中溢出通过淋水将其带走。油和水通过碟片式离心机分离，分离出的残液（水）经循环管道再进入除油机作喷淋水用，反复循环备用。

（3）榨汁。通过专用的柠檬榨汁机，去除外皮和果核的同时，榨汁并收集。

（4）过滤。榨汁机内附有果汁粗滤设备，榨出的果汁经粗滤后立即滤果渣及柠檬籽，因此无须另设粗滤器。再将粗滤的果汁立即送往精滤机进行精滤，筛孔的孔径一般为0.3毫米。

（5）果汁调配处理。首先将各类辅料配置好，再根据产品配方要求，将糖浆、果胶、稳定剂等各类辅料分别按比例加入鲜柠檬汁中。调配好的柠檬果汁需均质处理15分钟，均质完成后立即装入已清洗消毒过的容器中并封盖。

（6）贮藏方式。柠檬果汁作为酸性食品，可以用常压沸水的杀菌方式灭菌。清洁产品包装，使其保持干燥洁净，冷却至室温，在适宜条件下贮藏。

（二）柠檬酒

绿色、天然、保健是柠檬酒研发的三大原则，利用柠檬的纯天然物质组合，使酒体的色、香、味具有一定标准的同时，又具有纯天然、高营养的特点。

1. 工艺流程

原料挑选→清洗→破碎→调整成分→接种酵母→前发酵（果酒干酵母→活化→种子液培养）→后发酵→固液分离→陈酿→澄清→过滤→调配→原酒

2. 操作方法

（1）干酵母的活化。以0.5克/升的比例在果汁中接种干酵母，溶解后，在35℃温度条件下保温活化反应20～30分钟。

（2）原料处理及成分调整。选择新鲜无腐烂的柠檬清洗、榨取柠檬汁，添加蔗糖使其总可溶性固形物含量达到20％。

（3）前发酵。在果汁中添加果胶酶40毫克/升常温酶解4小时、二氧化硫质量浓度40毫克/升（等同于偏重亚硫酸钾80毫克/升）、调pH至3.5、蔗糖调整糖含量200克/升、酵母接种量5％，22℃静置培养7天。

（4）后发酵。发酵12～18天后，残糖量≤4克/升停止发酵。

（5）陈酿、澄清。后发酵结束后的发酵液经过陈酿、澄清处理，过滤并调配得到柠檬原酒。

（三）柠檬果醋

以柠檬或柠檬副产物为原料，通过现代生物技术酿制柠檬果醋。柠檬果醋是一种营养价值高、风味特别的酸味饮料。它兼有水果和食醋的营养保健功能，是集营养、保健、食疗等功能为一体的新型饮品，具有开胃消食、防腐杀菌等功效。

1. 工艺流程

原料挑选→清洗→榨汁过滤→酶解→调配→液体酒精发酵→液体醋酸发酵→澄清过滤→成品

2. 操作流程

（1）原料选择。选用新鲜度、成熟度适宜的柠檬，去皮去籽后榨汁并过滤。

（2）过滤处理。滤液加入 0.2%～0.25% 的果胶酶，于 45℃ 酶解 4 小时后灭酶。

（3）调配发酵。以原汁和水以 1：1.5 质量比进行稀释，按配方比例调整汁液的糖度和 pH；添加果酒酵母，在 29℃ 环境条件下发酵，使得汁液含糖量保持在 0.5% 以下。

（4）醋酸发酵。按比例添加果醋发酵母液，在恒温振荡器中进行摇床通气醋酸发酵，温度设置为 32℃，每隔 1 天记录产品的糖度、pH 和酒精度。

（四）柠檬烘焙产品

柠檬具有清香和清爽的特点，作为原料制作蛋糕等烘焙食品会有甜而不腻的清新口感。柠檬中含有丰富的维生素等营养成分，将柠檬与烘焙产品结合起来，既口味丰富又有较高的营养价值。

柠檬蛋糕

1. 工艺流程

称料→糖蛋搅拌→加入蛋糕油→加入低筋粉→加柠檬汁→搅拌均匀→装模→烘烤→冷却

2. 操作方法

（1）搅打。在新鲜蛋液中加入一定量的白砂糖，用打蛋机充分搅打至糖蛋液呈乳白色奶油状，混匀低筋面粉、泡打粉以及柠檬汁，加入糖蛋液中，用中速搅拌均匀。

（2）注模。模具清洗干净并刷一层调和油于内壁中，浇入调和好的柠檬蛋糊，约占模具体积的 2/3，轻轻振荡几下，保持蛋糕面糊表面平整均匀。

（3）烘烤、出炉。预热烤箱，放入蛋糕糊进行烤制。烤制完成后取出，冷却。

柠檬饼干

1. 工艺流程

称料→加柠檬汁→面团调制→整形→冷冻→切片→装盘→烘烤

2. 操作方法

（1）面团调制。将动物黄油、糖粉按一定比例混合倒入搅拌缸中，充分搅拌，加入柠檬汁，充分搅拌至均匀，加入低筋粉，再快速搅拌均匀，避免面团生筋。

（2）整形。将面团取出，通过模具制成需要的形状。

（3）冷冻。将整形好的面团放入冷冻冰箱中，冷冻 1 小时。

（4）切片。将冷冻面团切成约为 0.4 厘米厚的面团薄片，放置在不沾烤盘中。

（5）烘烤。设置烘烤温度，烘烤时间约 25 分钟。

（6）冷却。烤制完成后取出，冷却。

（五）柠檬果酱

果酱是由新鲜水果、糖和酸值调理剂混合在 100℃ 以上温度下拌和而成凝胶状，果酱含有纯天然果酸，有促使消化液产生、刺激胃口、促进消化等作用。利用柠檬优点制作天然口味少糖的果酱，能够最大限度地提升原料利用率，合乎当今社会发展的理念。

1. 工艺流程

柠檬→清洗→热烫→护色→打浆浓缩→装罐密封→杀菌→成品

2. 操作方法

（1）原料选择。筛去霉烂、病虫危害、机械损伤的柠檬，余下新鲜成熟、饱满有光泽的优质柠檬作为原料备用。

（2）原材料处理。将柠檬皮清洗，横着切成两截，挤压新鲜柠檬汁，用器材将柠檬皮（厚约 2 毫米）从果实上撕下，将柠檬皮漂烫 5 分钟，切成直径大约 1.5 毫米的颗粒物备用。

（3）浓缩。将果酱放进锅里，烧开，分两三次加入砂糖，加入柠檬酸，调整果酱的 pH 至 2.5～3，加热浓缩至 103℃ 时固形物达到 65％ 以上时出锅。

（4）灌装封口。出锅后马上灌装，封灌时酱体环境温度不可小于 85℃。

（5）除菌冷却。水果罐头封口后马上放置沸水中 5～15 分钟，除菌后逐渐制冷至 38～40℃。

（六）柠檬干

干制是延长柠檬保质期最为有效的方法之一，降低柠檬果实水分含量，更大程度地保持了柠檬原有的风味和营养，轻盈且携带方便，易储存。

1. 工艺流程

原料验收→前处理→预处理→烘制→调配→回烘→包装→检验→成品

2. 操作方法

（1）原料验收与处理。筛去霉烂、病虫危害、机械损伤的柠檬，余下新鲜成熟、饱满有光泽的优质柠檬作为原料备用，并用护色、保色剂对柠檬片进行预处理，可使产品色泽自然，感观好。

（2）漂烫。蒸汽热烫 120 秒。

（3）干燥。60℃恒温干燥 8 小时。

（4）回软。果干密封包装，放在干燥器中。

（5）保存、检验、成品。于 25～30℃下保存 1 周左右，检查有无异常，然后装箱入库。

（6）包装。用专用食品包装材料真空充氮包装，避光保存。

（七）柠檬果脯

1. 工艺流程

柠檬→清洗→去皮、去核、切分→护色、硬化→预处理→浸糖→干燥（回湿）→杀菌、包装→检测→成品→贮藏

2. 操作方法

（1）固色处理。将柠檬放入固色液中避免柠檬形成表面的褐变。

（2）硬化处理。将柠檬片放进适量浓度固化剂中保持 20 分钟，在 60℃下烘烤至外表光洁。比较常见的固化剂包含明矾、氯化钙和氢氧化钙等。

（3）预处理。热烫可以破坏柠檬果实中多酚氧化酶的活性，从而使果实有更好的色泽。热烫后要将果实放入冷水中冷却至常温，随后沥干水分，控干。

（4）渗糖溶液选择。在制作过程中，可以选择功能性糖醇来代替蔗糖，既降低了果脯的甜度，又符合专业人员在国标中主张的低糖规定。

（5）渗糖技术选择。采取先糖后盐溶液的渗入处理工艺，做到最理想的脱干效果，既能较好地控制水分活度，又可以保证果脯的口味不受影响。

第二章　浆　果　类

第一节 石 榴

一、概况

石榴（*Punica granatum* Linn.）是石榴科（Punicaceae）石榴属（*Punica granatum* L.）植物的果实，别称丹若、安石榴、天浆。石榴属于落叶灌木或者是小乔木，一般生长在热带地区，是热带地区的常青树。树冠丛状，一般呈自然圆头形，树根和树干呈黄褐色，上有瘤状突起，树干多向左方扭转，树冠内分枝多，嫩枝有棱，多呈方形。枝叶茂盛，树高可达 5～7 米，一般 3～4 米，但矮生石榴树仅高约 1 米或更矮。

石榴果实艳丽漂亮，营养丰富，含有人体所需的多种营养元素，如钾、钙、镁、氮等。除此之外，石榴果实中还富含多种维生素，其中维生素 C 的含量是苹果、梨的 2～3 倍，碳水化合物含量大约为 17%，氨基酸种类高达 17 种。石榴果实中含有苹果酸等酸类化学物质，果子酸甜多汁，口味可口。石榴依据部位的差异成分也有一定区别。石榴的果汁、果皮、树叶和树皮中含有鞣质、生物碱、黄酮、有机酸和特殊结构的多元酚等物质；石榴籽及其他部位则多含甘油三酯、磷脂、甾类等成分。石榴的根、果、花、皮等均可药用。再加上石榴性温、无毒性，受用性高，对各类疾病治疗都有较好的效果。

《名医别录》中记载：石榴能"疗下痢，止漏精"。《普济方》中记载：石榴"治疗久痢疾不瘥，陈石榴焙干，为细粉，米汤调下"。《本草纲目》中描述石榴："御饥疗渴，解醉止醉"。当代科学研究表明，石榴在抗衰老、预防心血管疾病、美容护肤等多个方面均有较为明显的效果。石榴果实中的多酚类物质与这些功效有很强的联系，多酚是一类具有多酚羟基化合物的总称，可以提升抗氧化能力、减少恶性肿瘤活性、降低胆固醇、降血脂和降高血压，提高人体抗氧化能力。石榴皮中还含有多种生物碱，含量约为 0.559 毫克/克。生物碱对金黄色葡萄球菌、霍乱弧菌、痢疾杆菌、溶血性链球菌等有明显的抑制作用，具有较强的抗菌作用。石榴根皮中鞣质物质含量达到 17.3%，这些物质对金黄色葡萄球菌（革兰氏阳性菌）有较强的抑制作用。鞣花酸也是一种抗氧化物质，有研究指出其在延缓衰老方面具有特别强的功效，石榴中也含有这类物质。此外，石榴中的抗氧化剂还可以防止动脉硬化和老化。石榴因其营养全面、药用功效高、保健功能强，消费人群和种类不断增长，市场发展迅速。经过长期的自然演化和人工筛选，已形成了以新疆叶城、河南开封、山东枣庄、云南蒙自、陕西临潼、安徽怀远和四川会理为中心的几大栽培基地。有关资料统计显示，我国目前石榴种植面积大约为 12 万公顷，位居世界第一。

近些年，四川石榴种植面积和生产量不断攀升，总产量已占全国各地总产量的近 60％，其中软籽石榴占比较高。与传统石榴相比，软籽石榴可食性较强、籽粒饱满、色泽红润诱人、含糖量高、酸甜适中备受人们的喜爱。四川石榴种植主要分布于会理县以及周边城市，种植面积 3 万公顷，居国内第一位，年产量 70 多万吨，年产值近 50 亿元人民币。

二、石榴采后商品化处理

(一)采收

石榴成熟度足够后立即采摘，不应过早或者过晚采收。石榴果实的成熟指标应符合表 2-1 要求。

表 2-1　石榴果实成熟指标

等级	评定标准
果形	果形端正饱满，果棱显现，具有本品种固有的形状和特征
果面色泽	达到本品种固有的着色特性，果皮光亮、色泽饱满均匀
籽粒	籽粒达到本品种固有大小形状，且饱满、多汁、风味浓甜。红色品种果实的籽粒鲜红或深红色，白籽石榴的籽粒晶亮透明
可溶性固形物	≥15％

石榴果实采摘应该选在早上无露水或者下午温度降低的时候进行，不可以在下雨、大雾、阳光强烈时采收。采摘前需要戴上手套和剪指甲。采收中动作要轻，注意不要损伤果实。采摘用具篮内还需铺有软的垫子，采摘使用的剪子一般为圆头型，直接从石榴果柄的基部采剪，可以使果实保留住完整的萼筒。采摘结束后挑选出残次果、腐烂果、机械伤果、虫害果等。对于套有纸保护袋的果实可以在采摘前 1 个星期撕开保护袋的低端，使果实充分上色，在采摘的时候去除果袋；套塑料薄膜保护袋的果实，如若袋内有积水先去除，再连袋子一起采收。采摘完毕后先将果实装入箱中，放在阴凉的地方。注意采收时按照表 2-1 成熟度要求分批、分期采收。

（二）清洗

剔除伤、病、虫、次果，提升传送带将果实传送入清洗池，除去果实表面灰尘、泥土、病菌等，烘干后打蜡。

（三）分级

石榴果实采收、挑选完毕后，按照果实的品质和大小进行分级后，同样等级的果实一同放置。

（四）包装和运输

果实采收完毕后，单果或套有薄膜袋果实都需用发泡网套好，放于贮藏箱。放置时果实的萼筒和果柄尽量顺着摆放且留有空间，避免挤压或者损伤果面，箱内果实摆放不超过 3 层，最上面一层需低于贮存运输箱面 2～3 厘米。在运输过程中，需轻拿、轻放、轻卸，减少颠簸、振动带来的损伤。

三、石榴贮藏保鲜技术

石榴采收完成后 24 小时内放入冻库预冷。预冷温度的变化控制在 ±0.5℃，预冷时间 3～5 天。通常来说，预冷时的温度与开始入库贮藏温度相比要高 1.0～1.5℃，注意预冷时避免冷风直吹石榴。

（一）物理方法

物理保鲜是指利用高压放电、电离辐射、气调贮藏、臭氧处理、超声波处理等技术进行水果保鲜，或与其他技术相结合进行保鲜，保鲜效果好，也没有化学污染，是现代果品保鲜中很有发展前途的一种新技术。通常采用的保鲜方法有：适宜低温、气调贮藏、短时高温处理、变温处理、自发气调贮藏等。

1. 低温冷藏

低温冷藏的贮藏温度可以人为调节和控制，不被所处环境条件限制，不仅可以提高产品贮藏期还可以较好地保持果蔬的品质，但如果温度控制不当可能会使某些冷敏感性果蔬发生冷害。由此可见，在冷藏技术的实际应用中，确定适宜的贮藏温度是至关重要的。石榴果实对低的温度反应敏锐，因此它的最佳贮藏温度随产地、贮藏时间、品种、成熟度等的不同而不同。

殷瑞贞等把石榴放在3～5℃条件下贮藏90天，结果显示果面完好，且测得其失重率仅为7%～8%。付娟妮等研究了陕西临潼净皮甜在（5±1）℃条件下贮藏90天的品质变化，结果显示腐败率仅为2%，表明在此条件下贮藏石榴提高其货架期效果显著。Olaniyi以"Bhagwa"和"Ruby"品种石榴为材料，分别在（5±0.3）℃、（7±0.5）℃、（10±0.4）℃、相对湿度（92%±3%）和22℃、相对湿度（65%±5.5%）的条件下贮藏16周，观察温度和贮藏时间对石榴生理变化的影响。结果显示，温度越高，贮藏时间越长，呼吸速率越高，果实生理和品质受温度影响较大；5℃下贮藏8周以后的果实总酚含量下降，但其抗氧化活性不变；22℃下贮藏4周时重量损失较高，不同品种失重率均在20%～25%。在贮藏温度5℃、相对湿度92%时果实失重率最小、生理疾病发生率低并能保持果实风味优良，因此在5℃、相对湿度92%条件下，"Bhagwa"和"Ruby"品种石榴可贮藏8～12周，果实品质属性和商品价值较好。Kader试验发现，"Wonderful"石榴在5℃条件下贮藏2个月无冷害现象。

2. 气调贮藏

初丽君等人研究了不同厚度PE膜对石榴籽粒保鲜效果及感官品质评价的影响，使用了不同厚度（0.02、0.03、0.04、0.05毫米）PE保鲜膜对石榴籽粒进行包装，放在（4±1）℃条件下贮藏，结果表明，不同厚度的包装膜对石榴籽粒的颜色及花色苷的含量无显著影响，但随着厚度的增加，呼吸作用明显受到抑制，并可较好地保持可溶性固形物含量及总酚含量，提高DPPH自由基清除能力，抑制相对电导率的增加，保持较好的感官品质。其中，0.05毫米厚的PE包装袋对石榴籽粒的保鲜效果最佳。张有林等人发现将石榴在4～6℃、相对湿度90%～95%、8%氧气＋5%二氧化碳条件下贮藏效果为佳。贮藏120天时，总糖含量13.2%，总酸含量0.41%，褐变率6%，褐变指数0.055，无腐败果。Kupper等人研究发现，6℃下，3%氧气＋6%二氧化碳条件下贮藏期可长达6个月，且石榴品质较好。

3. 臭氧保鲜

臭氧不只是一个优良的消毒剂和杀菌剂，更是一个比氯的抗氧化能力要强1.5倍以上的强力氧化剂，它除了能够减少蔬菜中有机质的水解，还能够杀灭果蔬表面的细菌以及分解果蔬成熟过程中所排放出来的乙烯，并借此来改善果蔬的贮藏期。林银凤等人使用臭氧技术去保鲜石榴，结果表明，在5微升/升臭氧处理条件下贮藏25天时，果实腐败最少，呼气强度最弱，效果最好。

4. 辐照保鲜

辐照保鲜技术是一种发展快速的新兴果实保鲜技术，是通过^{60}Co 和^{137}Cs 等放射性元素辐射出 X 射线、加速电子和 γ 射线来穿透物体，使果蔬中的物质发生电离后产生离子或者游离基，起到杀死病菌和虫害、调节生理生化的效果，以此达到保鲜的目的。使用辐射保鲜技术的果蔬，不仅可以保持其营养成分和品质，且外形也不会被破坏，还可以在常温下长时间贮藏，既节省资源又绿色无化学药剂污染。

范春丽等人研究了紫外线辐射对石榴保鲜效果的影响，测定了石榴的可溶性总糖含量、失重率、果实腐败率等生理指标。结果显示，紫外线辐射处理可以降低石榴的腐败率，效果与其剂量有关系，研究结果表明 14′29″、3 千焦/平方米的紫外线辐射条件下，抑制石榴腐败效果最好，且石榴贮藏期可以延长37 天。杨雪梅等人研究出紫外线照射能降低石榴籽粒冷藏过程中的质量损失率、腐败率及相对电导率，延缓总可滴定酸含量的骤变期，使籽粒中各有机酸及维生素 C 含量维持在较稳定的水平，而且微波处理增大了石榴籽粒冷藏中后期的质量损失率、腐败率、相对电导率及乳酸含量；两种处理对鲜切石榴籽粒冷藏过程中柠檬酸含量的变化均无显著影响，对冷藏初期（3~6 天）1，1-二苯基-2-三硝基苯肼自由基清除率的保持有一定作用，抗氧化活性均较对照组高，但对冷藏后期抗氧化活性的保持效果不显著。

5. 高压静电保鲜

樊爱萍等人研究了高压静电场结合自发气调技术对新鲜石榴保鲜效果的影响，由于蒙自石榴皮薄，贮藏过程中容易发生褐变和失水现象，因此选用蒙自"绿籽"石榴为原料，在商用冷库贮藏条件下，测定了总酚含量、呼吸强度、果皮水分含量等指标。结果显示，塑料大帐中使用自发气调，使其中环境中的二氧化碳体积分数（5.17%~7.17%）保持在较高的水平，氧气体积分数（14.05%~15.87%）保持在较低的水平。与对照组相比，使用高压静电场结合自发气调技术处理后，石榴的营养物质消耗量和呼吸强度降低、果皮水分含量流失得较少，果皮褐变和皱缩现象也有延缓。冷藏贮存 85 天后，高压静电场结合自发气调处理的石榴表面褐变程度及营养价值均保持较好。因此，高压静电场结合自发气调处理后的石榴不仅可以使石榴品质保存较好而且还可以减缓果实衰老，延长货架期。

6. 其他物理保鲜技术

张润光等人以"净皮甜"石榴为原料进行研究，结果表明间歇式升温处理可以有效抑制冷害，在（5.0±0.5）℃条件下，每隔 6 天在（15±0.5）℃下间歇升温处理 24 小时，减缓果皮褐变指数升高速率的效果较好，果实腐败率大大降低，贮藏 120 天，石榴褐变指数为 0.21，腐败率仅为 2.8%，保鲜效果较好。

（二）化学方法

化学保鲜是指使用适当剂量的杀菌剂杀灭病原菌，保护良好的产品，诊治生病的产品；或者指添加适当植物生长调节剂，使果实抗击病虫害的能力增加，降低损失。可以采用的杀菌剂种类及允许最大残留量可以参照绿色食品农药使用准则及农药合理使用准则执行。采后处理药剂包括多菌灵、烯菌灵、克菌丹、咪鲜胺、氯化钙、硝酸钙等。

防腐剂、保鲜剂保鲜

防腐剂按其来源不同可分为两类，即化学合成防腐剂和天然防腐剂。化学合成防腐剂由人工合成，种类多，包括有机和无机的防腐剂 50 多种。

保鲜剂是一种化学的降解技术，它可以杀灭已存在的微生物，并在其表面形成一层保护层，可以抵抗二次伤害，从而保持果蔬的营养价值；这种化学药品可以延长果实衰老的速度，主要包括抗微生物杀菌剂、钙制剂和生长调节剂。

姚昕等人用肉桂精油、脱氢乙酸钠、对羟基苯甲酸乙酯对石榴的果实进行了处理，发现均能不同程度地控制果实腐败变质。3 种不同的防腐剂中，100 微升/升的肉桂精油对其具有明显的抑制作用，能明显地阻止其变质，延缓其颜色的改变，对其果皮和籽粒的质量具有较好的保护作用；在放置 120 天后，石榴腐败率为 20.00%，失重率为 4.18%，而且用主成分分析法进行综合评定的结果也是最好的。杨宗渠等人采用 42% 噻菌灵悬浮剂和石榴果料液 1：1 000 浸泡，再用 1% 壳聚糖溶液涂膜后装入聚乙烯保鲜袋中，在 6℃ 条件下放置 120 天后，石榴的腐败率、褐变指数等都有所降低，其品质的感官评分也较高。周锐等对蒙自甜石榴用多菌灵处理后置于低温（2℃、4℃）条件下贮藏，结果表明，多菌灵有一定的抑菌效果，在 2 个贮藏温度下果实腐败情况和品质无显著差异，而且经多菌灵处理后，用保鲜袋包装，在 2℃ 条件下可阻止石榴变质，较好地维持了其果实品质。

（三）生物方法

生物保鲜是采用微生物菌株或抗生素，通过喷洒或浸果处理，以降低或防止果品采后腐败损失的保鲜技术，该技术在石榴、柑橘、苹果、甜樱桃、番茄等果蔬保鲜已有应用。

涂膜保鲜

涂膜保鲜指将高分子液态物质均匀地涂抹在果实的表面，待果实干燥后表面就会形成一层均匀的薄膜。首先，需要注意的是涂膜剂必须安全无毒、无异味，应用在果蔬表面不会对人体造成伤害；其次，要易于成膜、对果蔬品质营养成分的维持效果要较为显著。壳聚糖及其衍生物具有成膜性好、抑菌效果显著、无毒、无味等特点，因此被广泛应用在果蔬中作为涂抹保鲜剂使用。除此之外，常用的涂膜剂还有油脂类、蜡、紫胶等。

张润光等人分别研究了壳聚糖、海藻酸钠和明胶对石榴保鲜效果的影响，结果表明在温度5℃左右，相对湿度90%～95%的条件下，放置120天后，同样浓度为1%的三种涂膜保鲜剂，明胶和海藻酸钠的保藏效果较差，而壳聚糖表现出的效果较好，测定结果显示石榴籽的可溶性固形物和可滴定酸的含量与对照组相差不大，褐变指数降低，外形保持良好、感官评价也达标，说明壳聚糖涂膜保鲜效果显著。高俊花等人以新疆石榴为原料，研究壳聚糖保鲜效果。结果显示，壳聚糖添加量为1.0毫克/千克，在（2±1）℃条件下，放置120天，石榴褐变指数变化极低，感官达标。因此对石榴采用壳聚糖涂膜保鲜效果较好。

四、石榴加工

（一）石榴饮料

1. 工艺流程

石榴→筛选原料→冲洗→去皮→压榨→过滤→配料→杀菌灌装密封→贴标→成品

2. 操作方法

（1）筛选原料。选择在完全成熟时期采集未遭受虫害或变质的石榴。

（2）冲洗。石榴在采集运送途中可能沾有灰尘、泥土，因此需要将石榴放在清水中冲洗，避免在去皮时将杂质带入籽粒中。

（3）去皮。石榴果皮很厚且含有大量可溶性物质，口感差，因此为防止影响口感需在榨汁前去除外皮。手动剥除外皮，首先用刀轻轻切掉石榴的上端，去掉花萼，然后从花萼上端到底部切割4刀，分成4份，剥离籽粒。

（4）压榨、过滤。将石榴颗粒放入榨汁机中，得到石榴汁。得到的石榴汁初液含许多颗粒杂质，进行醇化处理后，通过过滤机过滤后得到干净的石榴汁。

（5）配料。采用给定配方，依次放入蔗糖、柠檬酸等，然后用一定量的水加热使其溶解，过滤，再把过滤后得到的糖浆液、胭脂红、澄清石榴汁一起倒入配料罐内，并加入配方中其他的物质最后加水混合均匀。

（6）杀菌、装罐、封盖、贴标。杀菌的目的之一是抑制酶活性，防止产生不好后果；之二是杀灭有害病菌，保证石榴不会变质。在 84℃ 条件下高温瞬时灭菌 60 秒，灭菌后立即倒入罐中。然后快速封口，贴上标签，在室温下自然放冷后销售。

（7）保存。温度不超过 20℃，保存期不低于 6 个月。

（二）石榴酒

1. 工艺流程

石榴→去皮→破碎→果浆→前发酵→分离→后发酵→贮存过滤→调配→热处理→冷冻→过滤→贮存→过滤→装瓶→贴商标包装→成品入库

2. 操作方法

（1）挑选出品质较好的石榴，剥去外果皮，放入榨汁机中打成果酱。

（2）将榨好的石榴果酱放入发酵池中预发酵，注意加入量不要超过发酵池的 4/5。

（3）预发酵时需在酵池中加入 5%～8% 的人工酵母、还要加入一定量的二氧化硫和白砂糖使发酵效果更好。

（4）预发酵时间控制在 8～10 天，温度控制在 25～30℃，发酵完毕后过滤分离。

（5）分离出来的皮渣，加适量白砂糖进行 2 次发酵，经蒸馏得到石榴白兰地，备调配成分时使用。

（6）过滤出来的原液需在低于 0.5% 的糖含量条件下继续发酵，这个过程称之为发酵贮存期。

（7）发酵贮存期为 1 年，到时间后取出再次进行过滤，检测其含糖量、含酸量等酒的品质，将其配置符合国家标准后就可以进行下一步热处理。

（8）在温度为 55℃ 条件下，加热 48 小时，自然冷却后放置 7 天，进行过滤处理。

（9）热处理后酒稳定性不强，在进行冷冻处理增加酒的稳定性后，通过过滤、贮藏、再次过滤、封装、成品入库。

（三）石榴饼干

1. 原料配方

石榴籽饼干由 2 种面团组成：①石榴籽面团；②可可粉面团。

2. 工艺流程

黄油＋糖粉＋鸡蛋＋低筋粉＋石榴籽粉→搅拌均匀（石榴籽面团）┐
　　　　　　　　　　　　　　　　　　　　　　　　　　　　　├ 成型→烘
黄油＋糖粉＋鸡蛋＋低筋粉＋可可粉→搅拌均匀（可可粉面团）┘ 焙→成品

3. 操作方法

（1）原料准备。剥取石榴籽于 70℃ 干燥箱中干燥 10 个小时，万能粉碎机粉碎，过面粉筛，获得无较大颗粒的石榴籽粉；万能粉碎机粉碎白砂糖、过筛；低筋粉等过筛。

（2）切块。黄油切块放入烧杯，于 40℃ 水浴锅中加热熔化。

（3）加糖粉。黄油熔化后加入糖分，搅拌均匀。

（4）加鸡蛋。鸡蛋打散，分两次加入黄油中，搅拌均匀。

（5）制作面团。将低筋粉和石榴籽粉拌匀后加入黄油，把面粉和黄油揉成石榴籽面团。可可粉面团与石榴籽面团制作方法相同。

（6）成型。将 3.00 克石榴籽面团和 0.80 克可可粉面团分别揉制，然后将可可粉面团置于石榴籽面团之上，使具有两种颜色、分层的石榴籽饼干成型。

（7）焙烤。将装入烤盘的饼干放入已预热的烤箱中进行焙烤。焙烤条件：在 170℃ 面火条件下，首先在 140℃ 底火条件下焙烤 16 分钟，然后再用 160℃ 底火焙烤 3 分钟，共焙烤 19 分钟。

（四）石榴果酱

1. 工艺流程

石榴拣选→去皮、打浆→配料→加热浓缩→装瓶、封口→杀菌、冷却→成品

2. 操作方法

（1）原料选择。要求原料具有适中的成熟度，含果胶和果酸丰富。

（2）去皮、打浆。用手工剥皮，除去石榴果粒外包裹的白色囊衣，然后将石榴果粒倒入打浆机进行打浆，除去石榴籽。

（3）配料。先将所用配料配制成浓溶液；砂糖：加热溶解过滤。配制成70%～75%的浓糖浆；柠檬酸：用冷水溶解过滤，配制成50%的溶液。

（4）加热浓缩。投料时，先将带果肉的果浆倒入锅内加热10～20分钟，然后少量多次加入配置好的浓糖浆，再加热浓缩，当要完全浓缩完毕时按次序先加入果胶或者琼脂液，再加入柠檬酸液，不断搅拌混合达到浓缩终点取出。确定浓缩终点的办法是测定其可溶性固形物浓度，当浓度为65°左右时到达终点，还有另一种确定终点的办法，可以取少许浓缩酱汁于汤勺中，如若倾斜其难以滴落，黏在底部或者滴入水中极少量溶解则到达浓缩终点。对于常压浓缩，当温度到达105℃左右时到达浓缩终点。

（5）装瓶、封口。装果酱的容器应消毒洗净晾干，待果酱浓缩完毕冷却至80℃以下立即装入密封瓶后杀菌冷却保存。

（6）杀菌、冷却。许多危害菌在加热浓缩过程中已被杀灭，且果酱内还含有高浓度的果酸和糖可以控制微生物生长繁殖，密封保存后倒置使用果酱余温对密封盖进行杀菌。为防止还有腐败致病菌，密封后在90～100℃条件下灭菌处理5～15分钟，杀菌完毕后立即将密封罐冷却至38～40℃，利用余温使罐体水分蒸发。

（7）质量标准。密封罐未发生胀气漏气现象，罐内果酱具有石榴的酸甜风味，颜色红亮，黏稠无汁水且没有其他异味。

（五）石榴果醋

1. 工艺流程

新鲜石榴→筛选→清洗→去皮、榨汁→过滤→灭菌（沸水浴15分钟）→酶解→成分调整（含糖量为16%，pH＝4）→冷却→酵母菌活化（2%蔗糖水，28℃，15分钟）→酵母菌接种→酒精发酵→醋酸菌接种→醋酸发酵→澄清→陈酿→过滤→杀菌→成品

2. 操作方法

（1）原料的选择。选择果肉鲜红、无霉烂的新鲜果实，以确保成品的风味和色泽。

（2）去皮榨汁、护色。石榴经剥皮后去隔膜，用榨汁机榨汁。榨汁后立即加入30毫克/毫升的亚硫酸氢钠进行护色，尽量避免物料与空气接触，防止果汁褐变。

（3）酶解。石榴果汁中含有大量的果胶，这些物质会影响石榴发酵汁的口

感和澄清度。用果胶酶作为果汁助剂，以增加果汁得率，提高果汁色素含量。加入果胶酶，40℃条件下酶解2小时，待用。

（4）成分调整。为了达到一定的酒精度，有必要对鲜果汁糖度和酸度进行调整。用柠檬酸和碳酸钙调节石榴果汁pH为4左右，用蔗糖调整糖度为16%。

（5）活化酵母菌。将安琪酵母置于5%的蔗糖溶液中，摇匀，置于30℃的恒温培养箱中活化30分钟，直到蔗糖溶液中出现大量微小气泡为止。

（6）酒精发酵。向调整后的石榴汁中加入适量经活化的活性干酵母，进行酒精发酵，发酵5～7天，当糖度和酒精度基本稳定时，转入醋酸发酵。

（7）醋酸发酵。加入食用酒精，调整石榴酒的酒度，加入经扩大培养的醋酸菌，进行摇瓶通气发酵，以醋酸含量不再上升为发酵终点。

（8）陈酿。新酿制的醋，香气较浓烈，风味不够柔和，将醋装入密闭容器中置于室温下陈酿1个月，避免与氧接触，以便提高醋的质量。

（9）过滤、杀菌。用200目滤布过滤。在75℃条件下杀菌5分钟。

（六）石榴花茶饮料

1. 工艺流程

石榴花→精选→称量→浸提→冷却→过滤→石榴花浸提液→调配→灌装→杀菌→成品

2. 操作方法

（1）精选。挑选无虫害、无霉变、无异味、色泽暗红的石榴干花。

（2）浸提。利用数显恒温磁力搅拌装置按照一定比例的料水比进行浸提，冷却后用8层纱布过滤。

（3）调配。加入柠檬酸、白砂糖进行饮料口感的调配。

（4）灌装杀菌。玻璃瓶灌装后，采用巴氏杀菌，70℃灭菌15分钟，冷却后即为成品。

第二节　草　　莓

一、概况

草莓（*Fragaria ananassa*）是蔷薇科草莓属的一种，颜色鲜亮，经济价值高，果实呈心形，果肉鲜红，香气浓郁。目前已知的种类有 50 余种，主要分布在甘肃、青海、西藏和四川，具有较好的适应性，草莓中富含维生素 C、维生素 A、维生素 E、维生素 PP、维生素 B_1、维生素 B_2、胡萝卜素、天冬氨酸、铜、草莓胺、果胶、纤维素、叶酸、铁、钙、鞣花酸、花青素等。

草莓喜欢温暖、凉爽的气候条件，温度为 15～22℃，30℃以上应及时覆盖。由于我国气候多变，因此，在全国范围内，要因地制宜地选择适宜的品种。目前，世界范围内的草莓优质品种已经超过 20 000 个，而大规模生产的只有几十个品种。迄今为止，我国已有大量优质草莓品种，已有 200～300 种自产草莓，选择品质好的草莓要结合当地的土壤、气候等因素。

四川省是世界上最大的草莓产地，现已形成三大草莓产区：成都双流区、凉山州、西昌市和德昌市。四川省草莓种植已经比较成熟，双流草莓种植面积和产量都是国内最大的，有着悠久的种植历史。凉山州得天独厚的区位优势，为发展草莓提供了有利的环境，经过 20 多年的发展历程，"大凉山"草莓已是地方政府的主要支柱产业。自 20 世纪 80 年代起，双流区开始大面积种植草莓。

四川省早期的草莓种植模式多为"一家一户，自给自足"，规模小、分散，种植技术落后。目前，四川省有 4 000 余亩的草莓，是全国最大的冬草莓生产基地，拥有从事草莓种植与营销的专业合作社和企业 26 家，年产量达 8 万吨，年产值超过 4 亿元，被誉为"中国冬草莓之乡"。

近年来，四川省草莓的种植面积逐年扩大，双流草莓的名气也越来越大，以草莓为主导的区域，以其独有的特点，促进了农业发展和农民增收，成为主产区带动当地经济发展的重要支柱产业。

二、草莓采后商品化处理

（一）采收

果实表面 3/4 变红时采收。采摘最好在晴天进行，早上采收应选在露水干后，气温降低之前或傍晚气温较低时进行，避免在中午采收。手工采摘，采收时先剔除病、劣果，然后把好的整果轻轻放在特制的果盘里，果盘大小以（90×60×15）厘米为佳，装满草莓的果盘可套入聚乙烯薄膜袋中密封，及时送冷库冷藏。同时注意摘果时要连同花萼自果柄处摘下，要避免手指与果实的接触。倘若无特制果盘也可采用高度在 10 厘米内的有孔筐采收草莓，此时注意不要翻动果实，以免碰伤果皮。

（二）清洗

草莓清洁冲洗后，用 0.05% 的高锰酸钾水冲洗 30～60 秒，然后用清水冲洗，沥干。

（三）分级

除去腐烂、病害的果实、畸形的果实，选择颜色一致，大小均匀，果蒂完整的草莓。在产量方面，以单果重量为评定标准，将优质果品按 4 个等级划分：每 1 枚重量大于 20 克的果品为特级；15～20 克以下为一级；10～15 克以下为第二级；5～10 克以下为第三级。大部分的采收是按感官评价，按品种和等级分开包装，便于贮藏、定价和销售。

（四）包装与运输

采摘后应及早进行预冷处理，仓库内的特殊收获箱应堆放在不能被冷风吹入的地方，堆放时贮藏室中不能直接被冷风吹入，每一排的间隔应该超过 15 厘米，防止果实受冻，贮藏室内的湿度应控制在 90% 以上，保持 5℃，而不能低于 3℃。4—5 月气温上升，可以保持在 7～8℃，在草莓装箱过程中，适当提高温度可以减少结露。草莓进入仓库 2 个小时内，应避免开启和关闭仓库的大门。采收期间，若果子温度在 15℃ 以上，那么在冷藏 2 小时后，草莓的果实温度就会下降到 5℃。假如草莓温度在 20℃ 以上，应将其置于冰箱冷藏 2～4 小时。

草莓果实怕压，怕挤，最好是进行两次包装。首先用小盒、小箱，采用无毒、硬、有通气孔、200～500克、高度10厘米的小塑料盒或小纸箱，将2～3个小纸箱整齐地排列，果皮朝下或朝侧，顶端留1厘米的空间，放置时要轻柔，盖好后将小盒子、小盒子装入大箱子。包装盒使用扁平的塑料周转箱、泡沫塑料盒、纸箱、纸板箱，容积2～5千克。采用0.03～0.05毫米厚度的聚乙烯薄膜袋，经简单的气调贮藏，可达到较好的贮藏效果。

为了方便销售和提高产品的知名度，包装盒的外包装上应印上产地、品名、重量、等级和包装日期。草莓的包装应在阴凉的地方进行，避免直接的日光照射，并且要轻拿轻放。

草莓果实预冷处理后，运输应用冷藏车、冷藏船或冷藏集装箱，运输过程中温度应保持在0～1℃，相对湿度为90%～95%，运输期不能超过3天。如果使用敞篷车，只有在晚上或者早上气温低的时候才能搬运和运输。在有条件的情况下，可以使用航空运输。

由于强烈的振动会对水果产生机械损坏，所以在运输时应将冷藏车等装满，并用棉被或草帘覆盖在底部和两边，以保证温度的稳定性，并减少振动。运输时应做到轻装轻卸，防止机械损坏。货物卸完后应立即存放于凉爽、通风的房间或冷藏库，并立即出售。

三、草莓贮藏保鲜技术

草莓为多汁果类，为无呼吸跃变类型，采后有较高的呼吸能力。经充分熟制的草莓，其风味品质优良，果肉多汁、颜色鲜艳、酸甜适中。但是，草莓果皮较薄，果皮不能起到防护的作用，易受机械伤害及细菌感染，导致果实腐败。室温下1～2天后，色泽暗淡、腐坏，丧失了商业价值。

低温对草莓的变质、腐烂有抑制作用，但出库后，库存草莓变质速率明显高于新鲜草莓。果实的硬度对草莓的贮存期有一定的影响，但降低速度较快，二氧化碳对草莓的硬度降低有一定的抑制作用。

目前市面上销售的草莓贮藏状况是：露天摆放的外力撞击会加速草莓的腐败，消费者购买后，草莓的保存期较短；超级市场销售的草莓都有一个硬的外包装容器，并且可以冷冻保存，会增加草莓的保鲜期大约2天。

因此，采用适宜的保鲜技术，既可以提高草莓的质量，又可以提高其经济效益。降低草莓在贮存和运输中的损失，控制影响草莓品质的各个因素，确保草莓的保鲜期。当前的食品保鲜技术包括：气调包装、冷冻保存、化学保存、静电场处理、辐射保存、气调冷藏车，纳米分子筛保鲜包装，生物技术包装等。

（一）物理方法

1. 气调包装

通过人为改变气体成分来降低氧气的含量，降低草莓的呼吸强度，抑制微生物的生长繁殖，延长贮存和运输期间的保质期，提高食品的保鲜性能，减少化学反应速率。

2. 冷藏保鲜

低温保存是目前广泛采用的一种技术手段。低温对草莓的呼吸有明显的抑制作用，可以抑制果实的成熟老化。但是，温度太低会导致低温损伤。低温对草莓的呼吸有显著的影响，−1.0℃以下可贮藏30天。−3.0℃时贮藏效果良好，4天后会出现冻害现象。草莓果实适宜贮藏温度为0℃，相对湿度为90%～95%。果实采摘后应及时运送到冷库并预冷处理至1℃。

3. 静电场处理

静电场保鲜是通过静电的作用，改善果蔬的外观、硬度、色泽等指标，延缓果蔬体内的酶活力，延长贮藏保鲜期。其特点是能耗低、卫生、操作方便，易于维护和控制。

4. 气调冷藏

果蔬气调保鲜技术是在保持低温、低氧的同时，迅速排出室内的二氧化碳，抑制果蔬的呼吸、蒸发等功能，从而达到延缓果实老化、变质的保鲜效果。草莓适宜在0～0.5℃、相对湿度85%～95%、氧气3%、二氧化碳6%的环境里贮藏。入库时按草莓果大小分级堆放，纸盒间距应大于10厘米。

5. 辐照保鲜

辐射保鲜技术具有杀虫、杀菌、防霉、调节生理生化功能，减少腐败指数，维持果实新鲜程度，并能维持草莓的香气品质和养分含量的功效。

（二）化学方法

化学方法保鲜是指喷洒化学杀菌剂于草莓表面或贮藏室内，以杀死草莓表面、内部及环境中的微生物。除了常规的化学杀菌剂，目前已被广泛应用的有二氧化氯、氯化钙、过氧化氢、环丙烯等。

①植酸浸果。用0.1%～0.15%的植酸，0.05%～0.1%的山梨酸和0.1%

的过氧乙酸混合处理草莓，在常温下能保鲜 1 个星期，低温冷藏可保鲜 15 天，好果率达 90%～95%。②二氧化硫处理。将草莓放入塑料盒中，放入 1～2 袋二氧化硫慢性释放剂，药剂与草莓保持一定距离，然后密封。使用 1 袋二氧化硫缓释剂，贮藏 20 天，好果率为 66.7%，商品率为 61.1%，漂白率为 8%，具有较理想的贮藏效果。

（三）生物方法

1. 涂膜保鲜

涂膜保鲜作用机制是通过封闭草莓表面的微孔，使其形成一个密闭的环境，从而使草莓的呼吸能力下降，使其与外界隔绝，从而减少对周围环境的氧气和养分的消耗，并能有效地阻止细菌的入侵。薄膜涂层的原材料有壳聚糖、植物精油、天然植物蛋白、中药等。壳聚糖涂膜 31 天后仍能使草莓保持较高的硬度和维生素含量。壳聚糖浓度会影响草莓的品质及贮藏时间。目前推荐壳聚糖的最适宜浓度为 0.5%；也可采用 0.8%对羟基苯甲酸乙酯和 0.5%单硬脂酸甘酯的复合涂膜，使用效果较好。

2. 纳米活性分子筛保鲜

由于其特殊的孔道结构，能有效地降低草莓的呼吸能力，使草莓的保鲜期延长 2 天，并能将保鲜期延长至 13 天。该保鲜方法既能在运输过程中又能在贮藏和货架上实现保鲜。

四、草莓加工

（一）草莓饮料

1. 工艺流程

草莓→预处理→打浆→真空脱气→调配→均质→灌装→杀菌→冷却→成品

2. 操作方法

（1）预处理。去杂、去萼，将其清洗干净，并将其置于容器内，10 分钟后将其在 42℃下灭酶。

（2）打浆。用打浆机把消酵果打成浆，从工艺角度来看，打浆温度应控制在 55～65℃。

（3）真空脱气。降低了果实的含氧量，降低了果实的氧化程度，确保果实的质量。在脱气真空中，其压力为 0.06～0.08 兆帕。

（4）均质。压力在 25～30 兆帕。

（5）灌装、杀菌。杀菌 85℃，30 分钟，低温冷却，4℃贮存。

（二）草莓酒

1. 工艺流程

原料选择→破碎→调配→主发酵→分离→装瓶→杀菌→冷却→成品

2. 操作方法

（1）摘果。采摘后，马上用手工分拣设备将果实中的果核剔除，把腐烂的、病果、不成熟的果实、浆果等摘下。

（2）粉碎。对已分离的草莓进行粉碎，并在粉碎过程中及时加入亚硫酸，在粉碎过程中加入，以保证草莓果汁不受杂菌的侵染和氧化。

（3）添加果胶酶。草莓中含有丰富的果胶质，在草莓浆液中加入果胶酶可以使胶质物质分解，从而使后续的果汁得到澄清。果胶酶的加入量为 20～40 克/吨。

（4）加入活性干酵母。首先将活性的干酵母溶解到 10 倍于其重量的水中，并在 35～40℃的温度下进行活化，20 分钟后，再加适量的浆液，使之活化 20 分钟，然后接种到发酵罐内的草莓浆液中，使其添加量为 0.2 克/升。

（5）调节。其作用是调整糖度和 pH，使其具有较低的酸性，pH 为 3.3～3.5。在成熟阶段，草莓果实含糖量为 0.2 克/升；一般有两种方法：①调整草莓的糖度至 350～380 克/升，然后进行发酵，制作出香甜的草莓果酱。②加入适量的白糖，使其糖分达到 200 克/升左右，然后再进行发酵，制作出草莓干果酒。

（6）确定发酵终点。经检验，当酒精含量达到规定要求（7％～12％），残糖大于 150 克/升时，在酿造浓甜草莓酒基的发酵槽中，必须对发酵进行抑制。通过加入亚硫酸，将其浓度控制在 0.012％～0.015％，并将其分离出来，然后将其放入冷冻箱中冷却，冷却到 0℃。对草莓发酵原汁的温度进行测量，使制备干草莓为原料的发酵罐中的液体表面处于静止状态，并对其理化指标进行检测，以确定发酵是否完成。在 20℃以下、残糖含量不超过 4 克/升、酒精含量约 12％的情况下，可以进行分离。

（7）储存。在分离和澄清发酵完成后，将自流果汁与压榨果汁分开储存，冷却一段时间后，再用硅藻土澄清、过滤，然后放入恒温箱中储存。

（8）成品。在经过澄清处理的草莓酒基中加入明胶、皂土（具体用量视实验情况而定），以保证酒基的清澈、稳定。草莓酒是用草莓酒和草莓干酒混合，按一定的比例调制而成的草莓酒、半甜型草莓酒，半干型草莓酒，干型草莓酒。草莓酒经过冷却处理后，经过检验，在保温罐内冷藏 7 天，冷藏温度高于−0.5℃。经过过滤、理化检验合格的草莓酒，经过板框精滤纸板和微孔膜过滤，然后进行微生物检验，通过充填。

（9）灌装。草莓酒可以采用冷灌，半甜型、甜型草莓酒需要采用热灌装方式。灌装设备需消毒，所有冲洗用的水必须经过无菌薄膜过滤，然后在灌装前用二氧化硫溶液将空瓶彻底消毒密封。

（三）草莓果醋

1. 工艺流程

草莓→清洗→破碎榨汁→过滤分离→酶解→澄清→灭酶→调整糖度→酒精发酵→醋酸发酵→灭菌→质量检验→成品

2. 操作方法

（1）原料选择。果实基本成熟，不应有腐败果；果实含酸量不宜过高。

（2）过滤。用 6～8 目纱布过滤。

（3）酶解。加入 1.2％果胶酶，边加边搅拌，满汁后摇 10 分钟，静置，酶解约 90 分钟。

（4）澄清。添加澄清剂（蛋清、皂土等）离心、过滤。

（5）灭酶。在水浴锅中加热至 95℃。调整糖度：糖波美度 10°～12°，酸度（以乳酸计）为 0.2％左右。

（6）酒精发酵。发酵温度应控制为 27～30℃。质量要求：残糖降至 5 克/升以下，酒精度 4％vol～6％vol。

（7）醋酸发酵。发酵温度控制为 30～32℃，约 2 天，以酸度不再上升为终止发酵时间。

（8）灭菌。80℃灭菌 15～20 分钟。

（四）草莓果酱

1. 工艺流程

草莓鲜果→洗涤→去蒂→配料（白砂糖、柠檬酸）→软化浓缩（山梨酸、柠檬酸）→装罐密封→杀菌冷却→成品

2. 操作方法

（1）原料选择。选择粒大、无伤烂、无病虫害的草莓为原料，再用清水冲洗草莓；摘下果蒂的时候，要用手抓着果柄旋转，或者用去蒂刀将果蒂的叶子全部切掉。

（2）配料准备。按不同的浓缩工艺选用不同的比例。当采用真空浓缩法时，每千克果酱一般加入白糖1.1～1.5克，柠檬酸2～3.3克；采用开口锅浓缩法时则加入白砂糖1.15克，柠檬酸3克。将砂糖、柠檬酸按照比例混合，制成70%～75%、50%浓度的浓缩液，过滤后备用。

（3）加热浓缩。目前加热浓缩的方法主要采用开口锅浓缩法和真空浓缩法两种。开口锅浓缩法通常把新鲜水果放入平底锅，再加1/3～1/2的浓糖浆，加热后软化，再适量搅拌；大约10分钟后，将剩下的糖液加入，然后继续加热，直到可溶性固体含量达到70%时，再加入柠檬酸水和0.04%～0.05%的山梨酸，混合，然后停止加热。真空浓缩通常是把新鲜水果和糖浆倒入罐中，真空度控制在46.66～53.33千帕，经过5～10分钟的加热软化，使真空度达到79.99千帕；当罐中的固体含量约为70%时，添加柠檬酸，在真空中加入0.04%～0.05%的山梨酸，快速加热到90～98℃，然后快速出锅分装。为尽量保存草莓原有的色、香、味等，工厂化生产以采用真空浓缩法为宜。

（4）装罐密封。将果酱和糖浆混合后，倒入已消毒过的玻璃瓶中。

（五）草莓干

1. 工艺流程

草莓鲜果→清洗去杂→去果蒂→加糖煮制→过滤→烘制→装袋→成品

2. 操作方法

（1）原料选择。要进行深加工的草莓要求：粒大、完整、色彩鲜艳、无泥污、无伤烂、无伤痕、香气浓郁、酸甜可口。

（2）清洗。把草莓倒入清水中彻底冲洗，除去沙子、泥土等杂物。

（3）去果蒂。摘蒂时，要轻柔地将草莓提起来，用手捏着蒂柄旋转，或者用不锈钢的铲子，将其全部摘下；同时，剔除霉烂、病虫害的果实和所有的不合格果实。

（4）加糖煮制。将糖浆调成40%，煮开后，放入草莓果，加热至滚开，待凉后，将糖浆及草莓倒入容器内，浸泡6～8小时。

（5）滤糖液。将煮制好的草莓果从糖液中捞出，平铺放置在竹筛上沥糖0.5 小时。

（6）烘制。将草莓果单片置于瓷碟上，置于烤炉内，温度：①180℃，10分钟后降低到 120℃，20 分钟即可；之后在 100℃下保存 24 小时；②在 180℃下保存 20 分钟，在 120℃下保存 2 小时，80℃下保存 20 小时；③在 180℃下保存 0.5 小时，在 120℃下进行低温处理，并在 70℃下继续 12 小时。三种烤法的作用大致一样，可以任意挑选。

（六）草莓酸奶

1. 工艺流程

草莓选择→清洗→破碎→酶处理→榨汁→过滤→混合→均质→杀菌→冷却→接种发酵剂→灌装→发酵→冷却后熟→成品

2. 操作方法

（1）选料。选用成熟度 80%～90%、组织完整、无霉斑的草莓。

（2）洗涤。用流水冲洗，除去草莓表面的淤泥和其他杂质，并要防止摩擦，以除去不合格的产品。

（3）粉碎、榨汁。将精选的草莓用开水热烫 2～3 分钟，然后用纸浆碾碎，再用榨汁机挤压，最后用过滤器过滤。

（4）配料、混合。把处理过的牛奶和草莓汁拌匀，加入稳定剂、糖后混合。

（5）均质、杀菌。将已加工的原料加热至 65～70℃，并用均质机在 15～20 兆帕的压力下进行均质，95℃杀菌 10 分钟。

（6）冷却，接种。把材料温度降到 44℃。将保加利亚菌属和嗜热链球菌按照 1∶1 的比例进行调配，制成发酵液进行发酵，接种完成搅拌 5 分钟装入瓶中。

（7）发酵。3～5 小时，42℃。

（8）冷藏、后熟。—5℃冷藏 24 小时后熟。

第三节　蓝　　莓

一、概况

蓝莓（*Vaccinium* spp.）又名蓝梅、笃斯、笃柿、嘟嗜、都柿、甸果等，属于杜鹃花科的越橘属 *Vaccinium*，起源于北美，是一种小型的多年生浆果。由于其果实呈蓝色，故称其为蓝莓。一种是矮生的蓝莓，颗粒细小，花色苷含量高；另一种是高达 240 厘米的人工蓝莓。果实硕大，肉质肥厚，增加了蓝莓的食用味道。蓝莓作为一种小型的浆果，具有鲜艳的颜色，蓝色的外面有一层白色的粉末，具有很好的肉质和很小的籽。甘甜、酸度适中，清香怡人，是新鲜美味营养价值高的水果。蓝莓果肉含有丰富的营养成分，有防止大脑衰老、保护眼睛、保护心脏、抗肿瘤、软化血管、提高机体免疫力等功效。

全世界有 400 多种越橘，主要产地源于美国，也叫美国蓝莓。截至目前，我国的蓝莓资源还主要集中在长白山、大兴安岭、小兴安岭区域，其中以大兴安岭为主，近年来已有人工培育成功的案例。国内的蓝莓研究始于 20 世纪 80 年代初期，吉林省农科院蓝莓研究所是国内首家开展蓝莓研究的科研机构，并在全国率先建立了蓝莓的工业化生产基地。

四川省气候环境十分复杂，具有亚热带、山地温带、山地寒带等多种不同的气候特点。近年来蓝莓产业发展较快，已形成一大批独具特色的水果规模种植基地，在促进农业增效、农民增收上起到了助推作用。根据相关资料，四川首次引进蓝莓是在 2004 年，中科院从美国引进的蓝莓中挑选出一些适宜南方气候的新品种，然后在都江堰进行了引种试验。目前，我国的蓝莓种植面积已由 2007 年的 5 公顷扩大到现在的 3 500 公顷，生产规模由原来的 5 吨增至现在的 5 000 吨，主要分布于雅安、乐山、峨眉、眉山、秦巴山、乌蒙山以及成都周边地区。四川省蓝莓品种已达数百个，蓝莓品种选育、科学化栽培、标准化栽培等方面都有了一定的发展，四川蓝莓产业的发展方向是蓝莓食品、蓝莓果汁、蓝莓酒、蓝莓胶囊等。目前四川省农业科学院正在致力建立中国西部蓝莓新品种基因库，将推广适用于四川省各地的新品种，四川省农科院在甘孜、阿坝、凉山、秦巴山、乌蒙山等地区开展了蓝莓产业的科技扶贫，取得了明显的成绩，为四川省蓝莓产业的发展提供了有力的支持。

二、蓝莓采后商品化处理

（一）采收

蓝莓应及时采摘，若未及时采摘，常温下 2～4 天即开始腐败，采收时间太长，会影响其耐储运能力。判断果穗成熟性的一个主要依据是果穗的状况，幼果萼片直立，成熟果萼片倒伏。采收要在阳光明媚的早上或者晚上露珠还没有出来的时候进行。如果下雨，应该在晴朗 1～2 天后采摘。

（二）分级

蓝莓摘下后，要及时筛选、分类，把腐败、软化的果实摘下，以降低其腐败程度。

蓝莓根据大小、品质一般分为特级果、一级果和二级果，又称为 A 级、B 级、C 级。其中，特级果一般指直径在 18 毫米以上的优质蓝莓，一级果一般指直径在 14～18 毫米的蓝莓，而二级果则指直径在 14 毫米以下的蓝莓，主要用来做果酱或制酒。

（三）包装与运输

新鲜蓝莓的贮藏运输应在 0℃ 低温下进行，低温贮藏果实由地面温度降到 0℃ 时，需要进行预冷处理，以消除田间果实的热量，使产品品质得到最大限度的保留，并能有效地降低产品在贮藏、运输期间的冷藏负荷，从而降低其蒸发损失，减少果实的水分损失。预冷方法主要有真空冷却、冷水冷却和冷风冷却三种。

传统的蓝莓果品包装采用硬纸箱，每 12 盒装于浅盘内，但由于纸箱包装，易使果实脱水而枯萎。改进后的蜡封箱，顶部和两边都有洞，便于通风。近年来，鲜水果包装采用的是无毒的塑胶盒子，通常约 125 克/箱，这种小型的包装方式能够有效确保果实的品质，从而使果实的保质期得以延长。长途跋涉的蓝莓果，通常在 125 克的外包装上再加一个外包装，内装 8～12 个小包，外包装主要以瓦楞、PVC 等为主要原料，具有较高的机械强度。

温度保持在 -0.5～0.5℃、相对湿度 90%～95% 条件下，最适合保存蓝莓。运输时要注意冷藏，避免气温的变化。

三、蓝莓贮藏保鲜技术

蓝莓是一种呼吸跃变型水果。在果实采收后，几乎完全停止了光合作用，以呼吸为主，果实在贮藏过程中，呼吸强度逐渐增强，并逐渐变软、老化，直至发生腐败。温度对蓝莓的呼吸能力有较大的影响，6—8 月份是蓝莓的成熟期，温度较高。增加乙烯的释放，会增加蓝莓的呼吸作用，促进果实的老化。硬度是影响蓝莓品质的主要因素，其软化程度及物质含量的改变将对其外观和风味产生直接的影响。蓝莓果实的果痕大小、干湿程度、颜色等都会影响其耐储性。果实的印迹愈细愈干燥愈好，愈利于贮藏，因采收时易受细菌侵染而腐败。果皮表层的粉末是蓝莓果实成熟的信号，能有效抑制细菌的入侵，减少水分的蒸发，同时，果粉含量越多，其果实的光亮度越高，质量越好，感官评定越好。但是，贮存期间，容易造成果粉的损伤，使蓝莓果实的光泽和颜色变差，从而影响其贮藏质量。

蓝莓的贮藏时间、采收方式等都会对贮存时长产生一定的影响，结果表明：后期的蓝莓营养成分下降较慢、贮藏时间较长。外销一般新鲜蓝莓果时，要选择质地较硬的果实，而在当地市场上出售或加工的果酒，则要选择质地柔软的果实。

为了保证新鲜蓝莓的质量，延长其保质期，国内外学者对其保鲜技术进行了大量的研究与探讨，或早或迟采摘均会使其耐储运能力下降。在高温强日照的情况下，要避免在正午和多雨的时候采摘。为了确保蓝莓的品质，需在低温下进行冷藏，以消除田间的余热，减少水分蒸发和养分损失。另外，不同采收期和采收期之间的差距以及后期的加工过程也会对其贮藏性能有很大的影响。

近年来，由于蓝莓国内外市场需求的增加和国内蓝莓加工产业的快速发展，对蓝莓的需求量每年都在增长。蓝莓水分含量高、果皮薄，在夏季高温多水环境下成熟，采收时间短，对保鲜技术提出了较高要求，按其不同的保鲜机理可分为物理保鲜、化学保鲜、生物保鲜等。其中，物理保鲜方式有低温保鲜、辐照保鲜、气调保鲜等，化学保鲜技术有 1 - 甲基环丙烯（1 - MCP）处理、膜处理、乙醇保鲜、化学药剂保鲜等，还有植物提取液、中蜂传粉保鲜等。

（一）物理方法

1. 低温冷藏

温度对蓝莓品质的影响最大。低温冷冻一方面可以降低果实的能量消耗，另一方面可以延缓果实的老化；同时，还会抑制细菌的生长和繁殖，减少疾病的发生。在 10℃ 以上的温度下，蓝莓最多 12 小时就会出现腐败的征兆。在适当的湿度条件下冷藏，可以降低新鲜农产品的含水量损失，增加膨胀，降低枯萎，延长贮藏时间。研究结果显示：低温能增加蓝莓的抗氧化能力，能有效地抑制多种细菌的生长，并能减少其腐败率。

低温贮藏是将蓝莓果实置于 0℃ 的低温环境中，可使其更好地抑制细菌的生长。有研究表明，在 −0.5℃ 低温下贮藏，能延缓蓝莓中总酚类物质的减少，减少腐败率，提高果实的保鲜质量。

机械冷冻库是当前低温果蔬贮藏中常用的一种设备，但长期低温也会对蓝莓的果肉造成损害。例如在贮藏过程中，果皮的蜡质层会出现大量的剥落，从而导致果肉的发红，结果表明：果蒂凹陷严重，对果实的感官及贮存寿命有一定的影响。目前，蓝莓的保鲜仍然以低温保存为主，并与其他保鲜技术相结合，以延长其保质期。

2. 辐照处理

辐照能有效杀灭病原菌，延缓果实老化，低温杀菌彻底，无残留。美国的科学家们发现，蓝莓具有很强的抗辐射能力，并且能够在贮存和运输期间维持其果实质量。不同剂量的 ^{60}Co -伽马辐射能有效地抑制蓝莓细菌，降低其发病率，能延长 60～70 天的贮藏时间。通过电子束照射，可使蓝莓的保鲜期延长至 60 天。UV-C 辐照是美国食品药品监督管理局批准的一项技术，它可以用于采后新鲜水果的加工，该技术具有降低蓝莓腐败、提高产品质量、延长产品保质期等优点。

3. 气调保鲜

气调保鲜技术已广泛应用于蓝莓的贮藏，可显著提高其贮存时间。在温度为 1℃、5% 氧气、30% 二氧化碳的气调贮藏条件下，蓝莓的老化过程可以延长到 95 天。在贮藏过程中，采用高浓度二氧化碳能有效地抑制果实的生理代谢，能维持其原有的品质，并可延长贮藏期 50 天。

4. 高压静电场技术

经等离子处理后，可使新鲜蓝莓表面的可供氧微生物数目不断减少，并能提高其质量。低温等离子能有效地抑制蓝莓表面微生物生长，延长贮藏时间，从而促进其抗氧化能力的增强。

（二）化学方法

1. 熏蒸技术

目前，由于熏蒸贮藏不需要与果实直接接触，而是通过气态直接进入果体，从而调整其生理代谢，对其蜡质层、形态、组织等几乎没有任何影响。1-甲基环丙烯，是乙烯受体的抑制剂，对果实的保鲜作用尤其明显，能显著地延长果实的储存期。0.3微升/升1-甲基环丙烯可以明显地减少"晚蓝"蓝莓的重量和腐败率。将一氧化氮与1-甲基环丙烯组合在一起，既能保持其硬度，又能增加其维生素C、谷胱甘肽的含量，从而延长其贮存时间。选用适当、高效的1-甲基环丙烯，可以获得不同质量的保鲜效果。

茉莉酸甲酯（MeJA）是一种由植物本身产生的代谢产物，它可以调控多种生物的活动。结果表明：50微摩尔/升茉莉酸甲酯能明显改善蓝莓在贮藏过程中对自身组织的抗病力、对灰霉菌的生长有明显的抑制作用。

2. 涂膜处理

壳聚糖是一种具有良好的成膜、抑菌作用的甲壳素衍生物，它能明显地抑制灰葡萄孢杆菌的孢子萌发和菌丝的生长。结果表明：用壳聚糖和藻酸钠涂膜后，蓝莓花色苷含量、总酚含量、抗氧化性提升，能延缓果实硬度降低、延长贮存时间45天。以壳聚糖、甘油、吐温80、芦荟萃取液等为材料涂膜，对蓝莓的霉菌生长有明显的抑制作用，并能显著地改善其抗氧化性，延长5天的贮存期。

3. 乙醇保鲜

提高果品保质期。经酒精处理后，果实中酚类、花色苷含量明显增高，抗氧化能力明显增强。室温熏蒸500微升对蓝莓维生素C、可滴定酸的含量有显著影响，对其腐败速率有显著影响，对总酚、花色苷的抗氧化作用也有一定的促进作用。

4. 化学药剂处理

在果期内喷施有机钙，可以有效地增加果肉中Ca^{2+}的含量，并能减少80天后的腐败速率，能很好地保留果肉的颜色和内含物，该方法能有效地抑制果实的氧化，降低果胶的降解，提高产品的保鲜期。

研究发现，经过4℃低温处理后，可降低需氧菌、酵母菌和霉菌的数量，并对花色苷的降低起到一定的抑制作用。减少腐败率，使蓝莓的质量得以维持。在采集前喷洒40毫克/升二氧化氯对果品贮藏性能有显著改善，贮藏时间延长。在处理后的蓝莓上喷洒二氧化氯，能显著减少真菌的数量，减少腐败率。利用二氧化硫对蓝莓进行低温处理，可将其发病率从97.5%下降到6.1%，达到了较好的防治效果。

由于使用化学制剂会对蓝莓自身的安全产生一定的危害，而且会对环境产生一定的污染，因此，大多数情况下都是作为辅助方法使用。

（三）生物方法

1. 植物精油

茴香脑、香芹酚、芳樟醇、紫苏醛、对伞花烃等植物精油对保存温度低于10℃的北高丛蓝莓果实表面的微生物活性有明显的抑制作用，从而有效地控制采后蓝莓的腐朽，并能降低花色苷的含量，提高其抗氧化能力。适量的香芹酚精油能提高蓝莓对病菌的抗性，延缓其在贮存过程中的硬度、可溶性固形物和可滴定酸降低速度，从而改善其贮藏质量。

2. 生物拮抗

生物拮抗性是指通过微生物间的相互对抗，筛选出能明显抑制病菌的生长、不会对宿主造成伤害的微生物，从而达到防治寄主病的目的。

结果表明，有孢汉逊酵母对镰刀菌、黑曲霉、灰霉菌、青霉菌等具有明显的抑菌效果。哈茨木霉菌能使灰霉菌的菌丝发生断裂，并通过缠绕寄生在菌丝上，并在采收前喷洒木霉菌，能减少蓝莓呼吸速率、乙烯生成速率，提高果实的贮藏期和营养价值。

四、蓝莓加工

（一）蓝莓饮料

1. 工艺流程

原料→清洗→分选→去皮→破碎→煮制→粗滤→调配→过胶体磨→高压均质机→脱气→灌装→封口→高温瞬时杀菌→检验→成品

2. 操作方法

（1）预处理。将剥皮、清洗、切碎的蓝莓立即放入90～95℃的水中，烫漂1～2分钟，以杀菌、保护色泽、软化果实组织。

（2）打浆。利用双道式打浆机将其打成浆液。

（3）调配。按照配制的方法，先用适量的水溶解白砂糖和增稠剂，加入酸味剂和调味料，加热 5 分钟后快速冷却到 50℃，加入蜂蜜、木糖醇，搅拌均匀，调味，调香，调制颜色。

（4）均质。在生产蓝莓饮品时，均质处理能将各种微粒的悬浮液均匀，从而保证了蓝莓饮品在一定程度上不会发生沉淀。将混合好的液体加热至（74±2）℃，先进行一次粗磨，再进行一次细磨。经过胶体磨处理后的液体，在 20～30 兆帕高压均质器均质。

（5）灌装。用玻璃瓶进行热灌装，在 75～80℃下进行充填。

（6）灭菌。采用高温瞬时杀菌。

（二）蓝莓酒

1. 工艺流程

蓝莓果分选→清洗→破碎→榨汁→果浆→调整成分→主发酵→后酵→澄清处理→陈酿→蓝莓原汁→均匀调配

2. 操作方法

（1）原料选择与处理。要求果农在采收的时候进行筛选，筛选的时候，主要是把坏的蓝莓分离出来，不然包装和运输时，很可能会扩大感染。

（2）破碎与榨汁。挑选出处理后的蓝莓果，用粉碎机粉碎，粉碎时，要使果肉的破碎率大于 97%，这样可以使果肉在发酵期间和酵母充分接触。在此过程中，添加大量的亚硫酸根和果胶酶。在果酒酿造过程中，亚硫酸根中含有的二氧化硫对果酒中杂菌的生长有一定的抑制作用、抗氧化作用和改善果酒香气、提高果酒的酸度。果胶酶对提高果酒的产量、质量、香味、品质有明显的促进作用。

（3）调整成分。将蔗糖、柠檬酸等辅助物质溶解，然后送入搅拌槽，用柠檬酸调整 pH 为 3.2～3.5，蔗糖调糖度按最后生成波美度 15° 计算补糖。

（4）初发酵。在以上配方的浆液中加入 1.5% 的酵母，发酵温度控制在 22℃，将蓝莓浆液中的一次汁按照发酵后的波美度 15～16° 加砂糖（分两次加），第一次加入 1/2～3/4，在波美度 18～23° 下，发酵 3～4 天后，将剩余的糖分加入，在主发酵 6～8 中，每天搅拌 2 次，每次 30 分钟，发酵为密封发酵，发酵期 20～30 天。当剩余糖分低于 0.5% 时，保留 2～3 天，再次更换木桶，即可得到原蓝莓酒。

（5）后发酵过程。在进行主发酵后，再进行后发酵，以减少酸性，提高蓝莓酒的质量。在后发酵过程中，要加强对容器的管理。蓝莓酒的贮藏室温度为8～15℃，窖内有通风口，将二氧化碳排出，约60天，再经过滤，去除杂质。

（6）发酵酒的下胶澄清。蓝莓酒是一种以水和酒精为主要成分的凝胶状分散液，它的主要成分是水和乙醇，其他的是单宁、色素、有机酸、蛋白质、金属盐，多糖，果胶质等，具有很强的不稳定性，在销售过程中会出现失光、浑浊甚至沉淀等问题，严重影响了产品的品质。选用适当的清洁剂，可以达到澄清、透明的目的，并消除了造成蓝莓酒色泽、香味变化的因素。以蛋清粉和皂土为原料，在18～20℃的环境下，制成了一种新型的澄清处理剂。

（7）冷处理。低温处理是改善蓝莓酒风味、提高其稳定性的关键。冷处理方法采用直接冻结，在−4～2.5℃的温度下，利用板框式过滤机进行过滤。

（8）过滤，杀菌及包装。根据配方，将原酒调配好，经过物理、化学、卫生检验，再用过滤、杀菌机、灌装机、封口机等将其包装、封口，用80℃的温水进行杀菌30分钟，最后进行冷却。

（三）蓝莓果酱

1. 工艺流程

原料选择→清洗→打浆→配料→浓缩→装袋→密封→杀菌→冷却

2. 操作方法

（1）原料的选择。选用成熟度高、无病虫的蓝莓，因为一旦成熟度过高，果胶含量过少，会对果酱的胶质产生一定的影响，进而影响到最后的涂布效果；如果不够成熟，就会失去蓝莓的味道。

（2）清洗。把挑选好的蓝莓倒入盘中，用清水冲洗干净。

（3）打浆。采用打浆机，根据不同的料液比例，采用合适的打浆法，可以得到原果浆。实验中柠檬酸的用量很小，可以与糖浆直接混合使用。柠檬酸既可以作为护色剂，又可以作为酸性物质，适当的酸度能防止贮藏期间的汤水。

（4）浓缩。将原料备齐，用电磁炉将原果汁烧开，再将混合好的糖浆一次或多次地放入。在浓缩时，要不断地用玻璃棒搅拌，以防焦化、结糊。浓缩至末端的标准可以从以下任何一个中选择：①可溶性固体含量约为32%；②将果酱用玻璃棍挑开，果酱就会掉下来；③当果酱的中心温度在104～106℃时，即可出炉。

（5）装袋密封。收缩结束后，当料汁温度下降至80℃时，再用真空包装，袋子内要留出足够的空间，以防灭菌过程中的热量膨胀。杀菌、冷却：将密封的果酱倒入灭菌罐内杀菌，杀菌后立即冷却，冷却到30～45℃。

（6）保存与检验。贮存于干燥、通风处，7天后随机取样，对其理化性能进行检测。

（四）蓝莓果醋

1. 工艺流程

蓝莓→挑选清洗→破碎榨汁→糖酸调整→酒精发酵→醋酸发酵→生醋→陈酿→澄清→过滤→装瓶→灭菌→检验→成品

2. 操作方法

（1）原料的预处理。先把新鲜成熟的蓝莓果实过磅，把病、虫、烂果、杂质等挑出，用清水冲洗干净，再用压榨机碾压榨汁，把压榨的汁液和残留物混合，再用酸度计和糖度计调整好酸度和糖度，最后倒入发酵桶中。

（2）酒精发酵。采用10%的生理盐水，在无菌条件下，加入含酒精的酵母，加入35℃2%的糖水中，30分钟后冷却到30℃，激活1小时，然后将其放入发酵桶，在30℃下进行酒精发酵。发酵过程在液体中的残渣沉淀下来后就会终止。

（3）醋酸发酵。乙酸菌的种子培育：将上述5%的蓝莓酒精发酵液300毫升，放入500毫升的三角罐中，于80℃的水浴中浸泡30分钟，冷却至30℃，再加入乙酸菌，在30℃下培养2天，即可制成醋母。以酒精为原料，将发酵液经巴氏灭菌，再用醋酸发酵。酸性结束后，醋酸的发酵就会结束。

（4）陈酿。完成后的醋酸发酵液，因其味道不佳，为了改善其口感及风味，将其提取出来，倒入贮藏槽中，陈酿1个月。

（5）对果醋进行澄清。将陈酿的醋酸发酵液萃取，用果胶酶对其进行澄清，将沉淀物过滤，最后再进行精滤。

（6）配制消毒和成品检查。用精滤过后的乙酸发酵液和蜂蜜混合，然后装瓶消毒，然后分段冷却，制成产品。

（五）蓝莓罐头

1. 工艺流程

原料选择→浸泡→漂洗→软化→制备→装瓶→封盖→灭菌→包装→成品入库

2. 操作方法

（1）选料。选择无虫害、无腐烂的蓝莓果粒为主要原料。

（2）浸泡。用0.5％氢氧化钠的碱水溶液浸泡30～40分钟，然后用高压空气搅拌。

（3）水洗。将浸泡好的蓝莓果粒用经过处理的软化水进行漂洗；漂洗前需要用0.3％的焦亚硫酸钠溶液浸泡20分钟。

（4）软化。水中添加精盐和柠檬酸，煮30～40分钟，让蓝莓果粒能够进一步软化。

（5）汤汁制备。用2％的糖与0.5％的柠檬酸配制成汤汁后静置，待用。

（6）装瓶加汤。将软化后的蓝莓颗粒倒入罐内，加入配制好的汤料，按照食品卫生要求，适当添加添加剂，搅拌均匀。

（7）封盖。采用加热排气或真空排气方法，排气后用封罐机立即进行密封。

（8）灭菌。将灌装于常温或开水中，约100℃时，灭菌15～20分钟。

（9）包装入库。经过消毒、冷却、检查合格后包装。

（六）蓝莓果冻

1. 工艺流程

琼脂→溶解（果冻粉）→混合（明胶）→煮胶→蓝莓汁→调配（绵糖，柠檬酸）→灌装→密封→灭菌→冷却→检验成品

2. 操作方法

（1）选择和准备。准备做果冻的蓝莓，要有足够的水分，不能发霉，不能有病虫害，最好是完全成熟，含有大量果胶的新鲜果实。

（2）预煮。将水果清洗、剁碎、捣烂，再倒入不锈钢罐中，加入适量的水，煮沸至果实软化为止。

（3）制取汁液。将熟透的水果放入压液机进行压榨，再用布袋过滤，滤出的滤液得到清澈透明的果汁。

（4）对果汁进行调节。将15毫升以上的果汁和15毫升95％的乙醇混合，然后摇晃试管，如果有大量的白色絮状物，则表示果汁中的果胶含量超过1％，可以用来做果冻；如果果胶较少，则需向以上澄清的果汁中加入1％的琼脂或3.5％的果冻。加入琼脂时，应将琼脂切碎，用清水浸泡4小时，再加入10倍的水，煮至溶解后，倒入果汁。

（5）浓缩。将浓度为 50%、温度为 95℃的糖浆（糖液的用量是果汁的 0.8 倍）加入，并用高火将其浓缩，并在 20 分钟内将其加热至 106℃，此时为浓缩的终点。

（6）降温。将浓缩好的果冻浆倒入一个 1.5～2 厘米厚的盘子里，放凉后将其切碎放入烤箱中进行烘焙，烤箱的温度要控制在 65℃以内，当产品水分含量低于 20%时包装成品。

（七）蓝莓干

1. 工艺流程

原料挑选→淋洗→沥干→糖渍→淋洗→沥干→干燥→淋油→成品

2. 操作方法

（1）选择果干材料。选用大小均匀、无机械损伤、无病虫害、无腐败、无明显损伤的蓝莓冻果。

（2）洗涤。用清水冲净，由于蓝莓果皮软，容易破裂，清洗时要注意防止外皮破裂，以免汁液损失。

（3）糖渍。按规定的比例将糖浆（含有苹果酸/柠檬酸）与蓝莓冻果实拌匀，于室温下糖渍 2 天。

（4）添加钙离子。将乳酸钙和氯化钙的浓度分别与糖渍溶液进行调配。

（5）烘干。将处理后的蓝莓片均匀地置于托盘中，置于电加热、恒温、鼓风干箱中进行烘烤，烘箱的温度设定在 50℃左右，直至湿度满足要求，并定期翻转。

第四节　桑　　葚

一、概况

桑葚（*Fructus mori*）又叫桑果、桑子、桑椹子，是一种直径 3 厘米左右的聚合果，呈紫红色，是中国传统果品之一。桑果含有丰富的维生素和矿物质，可提高人体免疫力，具有润肺止咳、抗衰老、清肝明目及通关节等效果。桑果是一种药用价值极高的经济类水果，属于"药食同源"的果蔬之一。桑果的含水量高，在室温下 2 天左右就会变色、变质。因此，对桑葚进行及时加工处理，可以使其营养价值得到最大限度的发挥。

桑葚喜欢在温暖潮湿的地方生长，提高桑果产量已受到社会各界广泛关注，桑果产业也呈现广阔的发展前景，带来较高的经济效益。山地、四边地和丘陵均可种植桑果，土壤肥沃、水分充足的地方桑果产量较高。种植时应选择不含农药和重金属污染的土壤，并应远离公路、砖瓦厂等。

桑葚的种质资源丰富，种植范围极为广泛，目前我国收集到的种质资源已达到 3 000 多份，共有 15 个种和 4 个变种，包括鲁桑、黑桑、蒙桑、白桑和大十桑等，在我国四川、贵州、云南、广西等 26 个省（区、市）内都有种植。

世界蚕桑看中国，中国蚕桑看四川。四川省现拥有 25 万亩的桑园，年产桑果 28 万吨，主要分布在川东北南部县、攀西德昌县与盐边县、南充市嘉陵区、川北绵阳市、川南资中县、成都、内江市东兴区等。德昌在第二届和第四届"中国果桑之乡"的评选中获得中国蚕协授予的"中国果桑之乡"的称号。近年来，四川省蚕桑的综合开发利用已有显著成果，以桑叶为主的传统茧丝产业稳步发展，以桑枝为生产原料的优质食用菌产业迅速发展，同时对于桑果的综合利用也在迅速发展。2018 年，全省桑果产量达 13 万吨，占到全国的60%，较上年同期增加了 73.3%。攀西地区依托优越的地理优势，发展桑园面积达 10 000 余亩，是全国规模最大的桑果基地。成都、南充、绵阳等大中城市，拥有 300 多个桑果采摘体验点，这对于乡村经济的发展起到了很好的推动作用。在盐边和德昌每亩的桑园收入为 5 000 元，蚕茧收入为 5 000 元，每亩的蚕茧收入达到了 10 000 元。2018 年，桑果休闲观光农业实现了 1.5 亿元的综合收益。其中，凉山州是川滇交界处，具有得天独厚的气候条件，是发展果桑的理想之地。凉山果桑从 2007 年开始发展，经过 10 多年的发展，已遍布 6 个县、市、20 多个乡镇，果桑面积达 3 467.7 公顷，桑树销售 7.25 吨，年销售额达到 3.6 亿元。德昌县作为全州果桑生产的"先锋"，全县果桑面积达 3 000 公顷，占全省总面积的 94%，年产桑果 7 500 吨，占全省总产量的 97%，被誉为"中国果桑之乡"。

二、桑葚采后商品化处理

采后商品化处理是指在果实采收后进行的一系列商品加工，包括拣选、分级、清洗、干燥、涂膜和包装，是国际市场对商品水果的基本要求和现代果品生产的必备环节，旨在保证商品水果在流通领域保质、保鲜、外观漂亮和货架期持久，提高其市场竞争力。

（一）采收

桑葚果采收分春、秋两季，以春季采收为主。采收时应根据果实成熟度不同而分别采收。春季桑葚果的成熟期在 4 月上旬。成熟的桑葚呈紫红色，有特殊的香味，果汁波美度 8°～9°。加工与鲜销的果实在着色九成时采收、贮藏的果实在着色八成左右时采摘，视天气情况确定。桑果浆果不耐贮藏和运输，需要手工采摘，戴上医用无菌手套更好。对于高处不易采摘的桑果，可以用震动法收获。采收后的桑葚应用竹筐盛放，不要装在麻袋或塑料编织袋内，以防袋内温度过热而发酵；同时，要尽快加工，如果放置时间超过 24 小时以上，桑葚易发酵变酸。

（二）分级

采摘后，首先要进行的是挑拣。挑拣主要是除去病虫害、外观不合格、有机械损伤的果品，以便后续的分级、包装及运输。目前，国内外桑果挑拣基本靠手工完成，但必须根据不同水果的特点制定相应的标准。

将桑果按大小分成两个等级，优质的作为新鲜的水果单独摆放。小型水果、异形水果挑选出来，可用作饮料的加工原料。将颜色不好，虫害和病害的桑果收集并掩埋。

采摘桑果时动作要轻，把新鲜的桑果装入有一定通风口的小盒子内，每盒重量控制在 100～250 克。小包装盒装满后，将其放进一个中包装箱子里，每个箱子装 6 小盒，需 3 天内吃完以确保桑果在食用前未腐败变质。不宜用大桶进行采收，大桶采收会使分装次数增多，容易使桑果破裂，加快腐败速度，不宜推广。

（三）包装与运输

包装场地要通风、防雨、防潮、防晒、无污染，禁止存放有毒和异味的物品。包装容器的选择应根据不同水果的特点和要求以及用途而定。桑葚可以放在透气性好、质地较软的容器内，例如铺有干草的竹篮，装入小盒子或篮子等有支撑作用的容器中，例如速食盒。包装必须牢固干燥、清洁、无污染。为了增强包装的保护功能，对有些果品还增加了包果纸、包果袋、包果网，或在包装容器内增加填充物、衬垫物等。

运输桑果时，最好用冷藏车运送，以免受到气候条件的制约；如果使用敞篷车，只有在早晨或晚上温度低的时候才能进行装卸和运送。在运输时，应使用小型纸盒，以塑胶薄膜为宜，并加约 15% 的二氧化碳。桑果的运输要做到快运、快卸。不可在阳光下暴晒，搬运时应轻拿轻放。

桑果应随采、随装、随运、随销。不能马上出售的，应放在干净、有防虫和防鼠器设施的场所。在室温下存放 24 小时以内，或在 4～10℃ 的低温下存放 36 小时。

三、桑葚贮藏保鲜技术

桑果具有成熟时间短、上市时间集中、果实多汁、果皮无保护层等特点，容易受到疾病的侵染，容易发生霉变，不易贮藏、运输，采后损失十分严重，严重制约了桑葚相关产业的发展。目前国内外对桑果贮藏的研究比较多，主要集中在低温、气调和防腐杀菌等方面。同时，在储存和出售期间，也要严格控制污染。为了延长桑果的寿命，提高其贮藏品质，一定要适时采摘。在贮藏期间，要最大限度地降低对桑葚的污染。保证设备卫生、洁净、密闭，减少外界环境的污染。

桑果在成熟时摘下，摘下即可食用。由于桑果在室温下存放 12 小时，会出现脱水、变色、品质下降等问题，对其品质的影响很大，因此，对其品质的变化机制和贮藏技术进行深入的研究十分必要。

（一）物理方法

1. 低温保鲜

低温能使在贮藏中的桑果温度下降、降低酶活力、减缓桑果呼吸、延缓果实衰老以及抑制腐生菌生长繁殖。结果表明：桑果在低温环境下，根霉、毛霉等致腐菌的代谢会受到抑制。桑果在迅速冷冻后有利于长期贮藏。林羡等对低温冷冻（－196℃）、快速冷冻（－80℃）、普通冷冻（－20℃）、冷冻前后的冷冻效果进行了对比研究，结果表明，快速冷冻和急速冷冻能够保持桑果的硬度，减少汁液的流失。李娇娇等人发现，将桑果置于0℃低温贮藏，能有效地抑制PG、PL等多种酶的活力，延缓其细胞壁的降解，从而达到延长其贮存期的效果。

2. 气调保鲜

龙杰等对桑果的保鲜技术进行了总结，指出气调贮运要求二氧化碳浓度在10%～15%，氧气浓度在3%～4%、95%的相对湿度、温度控制在1～2℃，以抑制桑果表面的微生物，可以保持良好品质。罗自生等对MA用于桑果的保鲜进行了研究，发现MA对桑果细胞壁的水解酶有很好的抑制作用，可以明显地减少腐败率，是一种适合桑果保鲜的方法。在低氧条件下，桑果的无氧呼吸作用变强，会消耗桑果营养。近年来，高氧气调的保鲜技术受到了越来越多的关注。研究发现，高氧能使桑果呼吸强度、腐败指数、失重率降低，使其硬度、可溶性固形物、可滴定酸、总酚、黄酮等物质含量均有显著提高。

（二）化学方法

1. 臭氧保鲜

臭氧保鲜技术是通过与微生物细胞膜中的不饱和脂肪酸或蛋白的不饱和脂肪酸或蛋白质进行氧化，增加其膜的渗透性，使细菌胞内物质外泄，从而引起微生物的死亡。臭氧也会使微生物的表面结构发生变化，使呼吸酶、DNA、RNA等大分子物质的活力下降，进而导致微生物的死亡。研究结果显示，适宜含量（4.29毫克/立方米）的臭氧处理可显著提高桑果的保藏品质，还可显著抑制采后呼吸速率，增加桑葚硬度，保持光泽，延缓果实软化，延长保质期。

2. 1-甲基环丙烯处理

1-甲基环丙烯是一种很好的抑制乙烯效应的物质，它对果蔬贮藏、货架寿命及质量有重要影响。1-甲基环丙烯能够抑制乙烯与受体蛋白的结合，抑制果实的成熟与衰老，从而使果实的贮存期得以延长。霍宪起通过研究1-甲基环丙烯在低温贮藏中对桑葚的生理作用发现，1-甲基环丙烯对延长桑葚的贮藏期、保持桑葚的质量都有明显的效果。

3. 丙酸钠处理

王胜宝等人利用冰冻条件下的丙酸钠对桑果进行保鲜研究，结果表明，丙酸钠在2%～5%的浓度范围内时，对桑果4天的保鲜效果均可达到80%；被5%丙酸钠浸泡4分钟后，贮藏期延长至10天。随着浸泡时间、浓度的增加，桑果的贮藏时间也显著延长。但是，考虑到食品的安全性和成本，采用4%的丙酸钠溶液浸泡桑果3～4分钟，可以达到8～9天的最佳保鲜效果。

4. 二氧化氯处理

目前，在对葡萄、草莓、蓝莓等果实的贮藏过程中，二氧化氯的应用具有较好的贮藏性能。赵佩等对二氧化氯在桑果采后的保鲜作用进行了初步的实验，发现在一定浓度的二氧化氯溶液下，新鲜桑果的贮藏时间可延长。用一定浓度二氧化氯溶液可以明显地降低贮藏期间的烂果率，还可有效地控制其失重率；对桑果中可溶性固形物、还原糖含量的降低有明显的抑制作用，从而延缓了桑果的品质恶化，特别是经过60毫克/毫升二氧化氯处理桑葚的保质保鲜效果最好，桑果保鲜期可延长2～4天。

（三）生物保鲜法

化学药剂残留、微生物抗药性对人体健康、对环境的危害日益严重，化学保鲜剂的应用也日益严格，对绿色、安全的食品需求使得新的绿色保鲜技术研究成为当前国内外研究的重大课题。近几年，国内外学者对果蔬的保鲜进行了研究。目前，国内外已有38个已应用于果蔬腐烂病害的微生物。陈成研究了枯草芽孢杆菌对桑葚采后致腐微生物的抑菌作用，韩蓓蓓对桑果的哈茨木霉、长枝木霉、枯草芽孢杆菌等进行了研究，结果显示，上述微生物对桑果保鲜有一定作用，可以作为果蔬保鲜剂使用。赵玲玲等从山豆根、肉豆蔻中提取溶液研究其对桑果的保鲜效果，结果表明：该提取液具有杀菌、抑菌等药理活性，与壳聚糖涂膜结合，可起到良好的保鲜作用。

四、桑葚加工

（一）桑葚饮料

以桑果为主要原料，辅以其他食品添加剂，优化配方工艺，加工制成集营养和保健为一体的天然果汁饮品。

1. 工艺流程

采果→洗果热烫→打浆、护色→榨汁过滤→加热调配→过细滤→灌装→灭菌封口→成品

2. 操作方法

（1）采果。桑果是浆果，其表皮容易受到损伤，采摘时应注意轻放，不可堆叠。选择八九成熟、无病虫害的鲜果。

（2）清洗、热烫。先用水冲洗两遍，然后用1％的生理盐水清洗，再用水冲洗除盐分，最后用80～90℃的热水烫，以去除表面的杂质和微生物。

（3）打浆、护色。用组织捣碎设备打浆，在打浆过程中加入20％的水，使浆液容易滤出，同时加入0.06％的异抗坏血酸钠作护色剂。

（4）过滤。经过50目粗滤后，用120目滤布进行细滤，可以将果渣去除，获得更清澈的原汁，其出汁率在70％以上。

（5）调配加热。柠檬酸、黄原胶、蔗糖酯先配成溶液，尤其是黄原胶，在配制过程中不易溶解，必须提前1天配置。将原果汁称重后，将糖、酸、稳定剂、水按比例倒入桑果原汁中，充分混合，放入水浴锅中，在90℃下放置2分钟。

（6）过滤。经高温调配后，果汁变得浑浊，最上层泡沫较多，需要用细滤布过滤泡沫，获得澄清果汁。

（7）灌装、灭菌、封口、冷却。将过滤后的澄清果汁装入预先清洗消毒的果汁瓶或磨砂广口瓶，90℃灭菌2分钟后，立即加盖拧紧密封，置常温下冷却。

（二）发酵型桑葚果酒

1. 工艺流程

桑葚鲜果→清洗→破碎→酶解→果汁澄清→控温发酵→净化处理→冷冻→过滤→除菌灌装→成品

2. 操作方法

（1）原料选择、清洗。选用八分熟的鲜桑葚，筛除烂果及病虫果、去杂质，用清水将桑果洗净。

（2）破碎。将洗净的桑果用打浆机破碎，加入30毫克/升二氧化硫。

（3）酶解法。通过螺旋泵将桑葚果用螺旋泵送到浸泡槽中，加入100毫克/升二氧化硫、80～120毫克/升果胶酶，然后反复搅拌，浸泡时间为4～8

小时，浸泡温度为 10～15℃，然后冷却到 8～10℃浸渍 10 小时。

（4）发酵。将酵母活化后，以每升 0.6 克的浓度将其加入发酵罐，按照要求加入营养溶液，然后重复混合。在主发酵过程中，应控制发酵温度不超过15℃，48 小时后进行分离，测定酒度和糖度，并根据试验结果，按17.5 克/升的糖分转换为 1% vol 乙醇，再加入适量的白砂糖，维持最终的发酵酒度为12% vol。在 20～30 天内，发酵完成后再进行陈酿，在 18℃以下的条件下，陈酿 30 天。发酵期间，每天监测理化指标，对发酵曲线进行原始记录，一旦出现异常，应及时处理。

（5）纯化。为促进发酵的桑葚酒澄清，添加 650 毫升/升的皂土，加入后充分混合，2 天内再次搅拌，使之与桑葚酒充分接触。下胶后，放置 7～10天，当酒脚完全沉淀后，将其分离，再用板框式过滤机过滤，以获得澄清酒液。

（6）冷冻过滤。将纯化的桑葚酒放入冰箱冷藏，冷藏到 -0.5～1.0℃，前3 日每天搅 1 次，在达到冷冻温度后保持 7 天以上。冷冻后的酒要用平板式过滤器过滤，并在同样的温度下过滤。

（7）除菌灌装。将过滤后的桑葚酒倒入洁净的原料罐中，启动酒泵，利用冷、热交换器对其进行瞬间消毒，杀菌温度为 95～110℃，时间控制在 10 秒以上，杀菌后的酒温不能超过 35℃。将过滤、消毒过的桑葚酒用玻璃瓶灌装。

（三）桑葚果醋

1. 工艺流程

桑葚果酒→成分调整→醋酸菌发酵→加盐抑制→陈酿→勾兑→过滤→杀菌→灌装封口→成品

2. 操作方法

（1）指标分析。对果酒厂压榨及酒脚分离所得果酒的酒精度、二氧化硫、总糖、总酸等指标进行分析。根据分析结果调整个别指标，使酒精度达到7%～8%。

（2）制备醋酸菌。原菌种经过 3 级种子的扩大培养，即为原代醋酸菌，在500 毫升的三角瓶中摇动 24 小时，然后将其转到一个大的三角形瓶子中，振动 16 小时，再将其接种到 10 升的种子罐中，培养 12 小时，以获得发酵菌种。由于乙酸菌是好氧细菌，所以要在摇床上通风。在第二个阶段，用 1.0%葡萄糖、10%酵母膏、1.5%碳酸钙、95%乙醇的培养基，后级培养直接使用桑果酒，发酵温度控制在 32~35℃，通风量为 1：0.2（v/v）。

（3）醋酸发酵及陈酿。将 10％的醋酸菌种添加到果酒发酵液中，初始温度为 32~35℃，空气流量为 1：0.2（v/v）；最大生长阶段为 1：0.3（v/v），气温为 35~38℃。在发酵期间，因醋酸菌将大部分酒精氧化为醋酸，导致其生长较慢，为了防止过量的醋酸氧化，在发酵期间，应适当减少空气流量（1：0.15v/v）、温度（31~33℃），在酸性停止上升时加入 1.0％氯化钠，以抑制醋酸菌的活性，及时进行陈酿，从而提高果醋的风味和色泽。

（4）灌装、密封。将陈酿后的果醋，按不同品质标准进行混合，再经巴氏灭菌（70~80℃，15 分钟）后灌装。

（四）桑葚果酱

1. 工艺流程

原料选择→清洗、挑选→破碎→打浆→配料→浓缩→装罐、密封→杀菌→冷却→检验→贴标→成品

2. 操作方法

（1）原料挑选、清洗。选用八成熟、无腐败变质、病虫害的水果。若桑果成熟度高，果胶含量低，对其凝胶性能有一定的影响；若成熟度较低，则缺乏桑葚的香味及味道。把桑果原料倒进流水中，冲洗掉表面的泥沙和其他杂物，把腐烂的果实、过生果、病虫果实等杂质剔除。

（2）打浆。利用破壁机对桑果进行适当的破碎，然后用打浆机进行打浆。

（3）配料。

①糖浆配制：把白砂糖加入水中煮沸 10 分钟，去除其中的杂质，配成浓度为 60％~70％的糖液备用。

②柠檬酸液：将柠檬酸配成 50％的溶液备用。

③增稠剂：把黄原胶、羧甲基纤维素钠和少量白砂糖混合均匀，慢慢加入 70℃的温水中直到完全溶解，再倒入料桶中；变性淀粉可以直接放入沸水中，然后缓慢地倒入料桶中。

④调配：将上述准备好的原辅料按配方进行混合均匀，充分搅拌并测定其指标符合标准。

（4）真空浓缩。将原料置于真空浓缩机内，真空度为 0.03~0.01 兆帕，循环 20~40 分钟，浓缩到波美度 35°~45°的可溶性固体，然后关掉真空，再进行循环。迅速将果酱加热到 75~85℃立即出锅装灌。

（5）装灌、密封、杀菌冷却。把浓缩的果酱快速倒入瓶子，并及时封闭，以保证灌装后酱汁中心的温度尽量维持在高水平，以改善后续灭菌和灌内真空度形成。果酱灭菌后应立即进行分段降温，降温至 38～40℃。

（6）检验、成品。产品经过消毒灭菌及检验合格后，便可以贴标签、装箱，然后进入成品仓库出售。

（五）桑葚果干

1. 工艺流程

原料选择→清洗、挑选→沥水晾干→浸碱→干燥→回软→包装→成品检验→贴标→成品

2. 操作方法

（1）原料选择及清洗。选用充分成熟、新鲜、含可溶性物高的桑葚，剔除未成熟的劣果，在流水中清洗去杂。

（2）用碱浸泡。用 1.5%～4% 的氢氧化钠浸泡桑果，浸泡 1～5 秒即可，浸泡后用清水冲洗，以减少干燥时间。

（3）干燥。将浸碱漂洗后的桑葚沥干，放入竹匾上，晒至完全干燥（含水量 15%～18%）为止。

（4）回软。为了使桑果内部和外部的水分平衡，使其具有良好的柔软质感，可将其倒入木箱中，使其回软 2～3 天。

（5）包装及成品检验。把桑果用塑料食品袋或真空包装装好，然后放进纸盒内。对已包装好的产品进行取样，在 25～30℃ 的温度下进行检验，7～10 天后未出现发霉、鼓胀，则产品为合格。

第五节　猕　猴　桃

一、概况

猕猴桃（*Actinidia chinensis Planch*），作为我国最常见的水果之一，富含维生素 C、氨基酸、酚类等物质，其营养价值丰富，被称为 21 世纪的水果之王，深受广大消费者的喜爱，在亚洲有很大的消费市场。

猕猴桃的发展始于 1930 年的新西兰，早期的猕猴桃主要有海沃德、布鲁诺等品种，1975 年海沃德已成为全球的主要栽培品种，占据了全球猕猴桃 95％的种植面积，形成了一个由海沃德主导的单一品种种植业。目前，猕猴桃主要产地包括新西兰、智利、意大利、希腊、土耳其和伊朗，除新西兰以外，基本上仍是以海沃德为代表的美味绿肉品种为主，约占总种植面积的 89％。

我国猕猴桃资源十分丰富，无论是在种植面积还是产量方面，都位居世界第一。海拔 2 300 米是猕猴桃的最高生长限制，50 米为经济种植的上限。如在秦岭白麓，200～2 300 米是猕猴桃的生长海拔，而河南省猕猴桃的生长范围是 350～1 200 米，湖南省则是 800～1 000 米。猕猴桃适合生长在中壤、轻壤和沙地。猕猴桃对气候条件的要求较高，一般在 10℃ 以上的地方都能生长，但平均气温 15～18.5℃、最高气温 33.3～43℃、7 月平均最高气温 30～38℃、1 月平均最低气温－4.5～5℃、≥10℃积温 4 500～5 200℃、无霜期 210～290 天的地区最为适宜。温度偏高，猕猴桃仅生长枝条和叶片，不能开花；如果温度过低，猕猴桃树不能安全过冬。

四川省是我国最早进行猕猴桃人工栽培和应用效果最好的区域，是世界上最大的猕猴桃生产基地。猕猴桃产业是四川省优势特色产业之一，大部分分布在苍溪、蒲江、眉山、都江堰、彭州、邛崃等地，主要品种为红阳、红华、东红、金艳、海沃德等，近几年，国家出台了《推进农业供给侧结构性改革加快四川省农业创新绿色发展行动方案》《川果产业振兴工作推进方案》，将猕猴桃纳入六大农业供给侧结构性改革试点产业，提出到 2022 年四川省红心猕猴桃种植面积、产量、品牌影响力要做到全球领先，比肩新西兰。四川省猕猴桃产业已步入新的发展阶段，面对盲目扩张、产品结构不合理、国际贸易壁垒等新问题和新的挑战，研究人员从都江堰、蒲江、苍溪等地区的实际出发，总结出了可复制、可推广的产业发展模式和利益联结机制，为四川省猕猴桃产业的健康发展提供了强有力的支持。四川省苍溪县为实现经济增长，大力发展猕猴桃产业。苍溪县猕猴桃已经逐渐成为当地的一种特色产业，并在一定程度上带动了全县的经济发展。苍溪县依托猕猴桃的种植和生产，为当地带来了一定的经济效益，带动村民的收入逐步提高，提升了当地的物质生活质量，从而达到脱贫致富的目的。

二、猕猴桃采后商品化处理

猕猴桃果品采后商品化处理按果品的营销方式可分为：鲜果市场销售的商品化处理、加工商品化处理、贮藏国内营销商品化处理与国外营销商品化处理。处理途径包括：采收挑选、分级包装、短途运输、预冷、贮藏、冷库管理、出库分级包装、减震冷链运输、进入销售市场。

(一) 采收

严格掌握果实的生理成熟期和工艺成熟期。猕猴桃的贮藏工艺成熟期应在生理成熟期的前 10～15 天。果子在这个时候停止生长，重量也不会增加。只是在果实的内部发生了一些复杂的化学变化，让果实的色泽、香气、味道都发生了变化。当猕猴桃生理成熟时，其贮藏潜力已不大。果实的生理成熟可从可溶性糖含量增多、酸味减少、香味产生、由硬变软、色泽变深等方面进行判断。

采收时最好将塑料袋预先套在果箱中，在采摘的过程中要严格挑选，做到不合格的果子不进箱。应按下列指标挑选：

①猕猴桃硬度达 980 牛顿/平方厘米，可溶性固形物达 6％以上。

②不宜贮藏的果实：a. 阴雨天或采前大量灌水的果实；b. 病虫果；c. 病树上的果实；d. 烂伤果；e. 机械损伤果；f. 果皮为翠绿色果子；g. 喷蘸过膨大剂的果实。

(二) 分级

以猕猴桃果的大小作为主要的分级标准，共设 5 级；果实可溶性固形物含量为第二位分级标准，共设 4 等，5 级 4 等共 20 个等级。

1. 采收成熟度

猕猴桃质量分级标准与果实采收成熟度有关。采收时的成熟度与贮藏、运输、终点站市场货架期密切相关。不同的品种有不同的适宜采收期，一般而言，早、中熟品种可溶性固形物必须达到 6.2%～6.5%，晚熟品种达 7%～8%才能采收。

2. 果实大小

猕猴桃质量分级标准与果实大小有关，根据猕猴桃果实大小可分为四个等级，鲜食果的单果重不应小于 50 克。120 克以上为特级果、119～100 克为一级果、99～85 克为二级果、84～70 克为三级果、69～50 克为四级果。

3. 果实可溶性固形物含量

猕猴桃质量分级标准与果实可溶性固形物含量有关，果实成熟后且可以直接食用的果肉可溶性固形物含量在 17%以上为特等果、16.9%～14.5%为一等果、14.4%～13.5%为二等果、13.4%～12%为三等果。猕猴桃果实维生素 C 的含量应在 60 毫克/100 克以上。可溶性固形物与总酸比应不低于 10∶1。

4. 果实贮藏性能

猕猴桃质量分级标准与果实贮藏性能有关，中华猕猴桃在日最高气温30℃以下时可存放 7 天以上，在 25℃以下可存放 10 天以上，在 0～2℃条件下可存放 3 个月以上。美味猕猴桃在以上 3 种温度条件下可分别存放 10 天、14天和 5 个月以上。

（三）预冷

猕猴桃果实采收后需先预冷后入库，预冷方式有冷库预冷和抽风预冷等。冷库要提前消毒，方法有臭氧消毒、乳酸或硫黄熏蒸等。入库猕猴桃用消过毒的木箱或塑料箱装，每箱 10～15 千克，经预冷后 24 小时内堆垛入库，垛堆离墙 0.3 米，距顶 0.5 米，底部垫高 10 厘米。

（四）包装与运输

包装材料要坚固、轻便；容器大小、重量合适，便于搬运和堆码；容器内部要光滑，以避免刺破内包装和果品；容器不要过于密封，应使内部果品与外界有一定的气体和热量交换。包装要美观、方便，对顾客有一定吸引力。

猕猴桃容易碰伤变质，所以要快装、快运、快卸，防止风吹日晒、被大雨淋到，在搬运过程中动作要轻巧，不能随意乱丢。运输设备的装载舱应干净、无异味，在水运时应避免水和油进入舱内。猕猴桃应贮藏在温度较低且潮湿的环境中，可在温度 0～2℃、湿度 90%以上的环境中保存 3～6 个月。在室温下只能保存 20 天左右。

三、猕猴桃贮藏保鲜技术

猕猴桃采收之后，虽然离开了植株和土壤，但仍然是个有生命的活体，其活体的实质表现就是通过呼吸作用分解体内积累的一些营养物质，为延长其生命状态提供能量和消耗。猕猴桃收获后在贮藏期间会发生各种代谢活动（衰老、腐败），这是一种不可避免的现象，我们可通过调节猕猴桃贮藏环境和其他的辅助手段来延缓这个过程。

（一）物理方法

1. 低温贮藏

低温贮藏是目前国内外公认的最有效的果蔬保鲜方法之一。结果表明，亚特猕猴桃在不同的低温条件下具有较好的耐贮性，随着温度的降低，其保鲜效果也有所提高，0℃ 条件下，猕猴桃果实的贮藏效果比 1℃、2℃ 条件下效果好。低温贮藏可以使猕猴桃的感官和食用品质保持更久。Yin 等发现，低温可以降低猕猴桃的软化速率，这是由于其在低温条件下抑制了 *AdERS1b* 的表达。低温贮藏可以延缓猕猴桃果实的老化，但不同品种的果实对温度的敏感程度不同，容易导致果实的贮藏品质发生变化。研究发现，贮藏温度若选用不当，容易造成猕猴桃的冷害，而低温可通过提高抗氧化酶活性，维持较高水平的内源脱落酸（ABA）、吲哚乙酸（IAA）和玉米素核苷（ZR），降低赤霉素（GA3）水平，提高 ABA/GA3 和 ABA/IAA 比值，从而减轻果实的冷害。

2. 气调保鲜

气调保鲜能通过抑制活性氧（ROS）的含量，保护细胞成分免遭氧化损害，从而延缓果实的老化。Li 等发现，与常规贮藏相比，气调保鲜的猕猴桃果实能够更好地保持其硬度。通过气调贮藏，能有效地延长贮藏时间，同时又不会对果实的正常代谢产生干扰。这种方法主要是利用气调贮藏，提高贮藏二氧化碳含量、降低氧含量，从而降低猕猴桃的呼吸消耗，同时还能抑制其他代谢过程。胡花丽等人发现，气调贮藏能够延缓红阳猕猴桃果实中抗氧化剂-GSH 循环有关酶的降低，并使其保持稳定，从而增强了红阳猕猴桃果实的抗氧化能力。气调贮藏对猕猴桃果实的呼吸峰值及乙烯的产生有明显的抑制作用。

3. 微波处理

微波处理与热处理对猕猴桃具有相似的保鲜作用，其机制是降低其氧化酶活性，延长其贮藏寿命。微波能很好地保障猕猴桃的质量，杀菌效果也更好，保质期也更长，这是由于微波作用时间更短、更有效。研究发现，微波能使皖翠品种的猕猴桃的可溶性糖含量下降，降低可滴定酸、维生素C含量，从而延缓其细胞壁的退化，并能抑制软化，从而维持其商品价值。在实际应用中，微波处理能够更有效地延长猕猴桃的贮藏期以及保持果实品质。

4. 臭氧处理

臭氧的氧化能力强、杀菌速度快，通过破坏细菌、真菌等微生物的细胞膜、细胞壁，并损伤破坏酶系统，使其产生杀菌、防腐等作用，不易在果实上残留毒害。研究表明，臭氧处理提高了冷藏过程中黄肉猕猴桃超氧化物歧化酶和过氧化氢酶的活性，抑制脂氧合酶活性和丙二醛含量积累来保持膜的完整性，提高果实的商品性。经200毫克/升臭氧处理后，发现贵长猕猴桃的果肉硬度较高，果肉弹性、凝聚性、咀嚼性、回复性等质构特性均有一定的改善，延缓了果实品质劣变。刘焕军等发现，臭氧能有效地抑制猕猴桃扩展青霉菌、灰葡萄孢杆菌的菌丝生长和孢子萌发，并能有效地维持猕猴桃果实的可溶性固形物、可滴定酸含量、硬度、维生素C含量，提高果实的抗病能力。

（二）化学方法

1. 1-甲基环丙烯（1-MCP）处理

1-MCP能明显地抑制果实在贮藏过程中的硬度降低，并能维持不同成熟度的猕猴桃的贮藏质量，改善其保鲜效果，改善其后熟品质。研究表明，1-MCP处理对秦美果实的抗坏血酸、色素含量有明显的抑制作用，能使果实的硬度和可溶性固形物含量维持不变。研究结果表明，该方法能有效地降低果实呼吸和丙二醛含量，并能降低超氧化物歧化酶、过氧化物酶、过氧化氢酶和抗坏血酸过氧化物酶的活力，对采后软枣猕猴桃魁绿也具有较好的保鲜效果。

2. 二氧化氯处理

二氧化氯有良好的抑菌效果，而二氧化氯作为一种杀菌剂，在食品质量和安全管理中得到了广泛的应用。适当的二氧化氯处理可以使猕猴桃细胞膜完整、减弱呼吸强度、使超氧化物歧化酶和过氧化物酶活力增加，延缓果实成熟老化速率、延长保质期。二氧化氯是一种很强的氧化剂，在适当的浓度下，可以抑制蛋氨酸分解为乙烯，破坏形成的乙烯，从而使果实的老化一定限度地延迟，若浓度不适，则会对果实自身产生损害。在发达国家，二氧化氯是一种广谱、高效的杀菌药剂，但在中国，由于其生产成本过高，有关法律法规还不健全，制约了它的广泛应用和发展。

（三）生物方法

1. 壳聚糖及其衍生物

壳聚糖的抗菌性很强，能有效地降低果蔬、肉类的霉菌感染及腐烂。壳聚糖涂膜对猕猴桃多酚氧化酶活力、呼吸速度和质量损耗均有明显的抑制作用。祝美云等人采用了不同配比的壳聚糖、海藻酸钠、卡拉胶等可食用的复合薄膜进行实验研究，发现在猕猴桃的保鲜过程中，其保鲜效果和卡拉胶的保鲜效果均优于对照组。壳聚糖对猕猴桃的灰霉病和蓝霉病具有显著的抑制效果，而壳聚糖则能降低猕猴桃中的霉菌，其效果与其对宿主的防御力有关。不同分子量的壳聚糖对猕猴桃果实的贮藏效果不一样，低分子量的壳聚糖更容易穿透表皮细胞壁，增强防御能力，因而对猕猴桃灰霉病具有较好的抑制作用，同时也能维持果实中维生素 C 的含量。

2. 中草药提取物

中草药提取物具有广泛抗菌、安全、环保等特点。利用中草药提取物可以很好地解决由于真菌感染而造成猕猴桃贮藏品质降低的问题。实验结果表明，槲皮素对猕猴桃的蓝霉病抗性具有显著的抑制作用，程小梅等研究表明，川芎、肉桂和高良姜提取物对感染猕猴桃的青霉菌均有一定的抑制作用，川芎对病斑的生长有显著的抑制作用，并可延长果实的保质期。郭宇欢等人的研究表明，银杏叶粗提取液可以增加猕猴桃体内的抗性酶活性，增加其酚类物质的积累，促进其细胞壁的分解，从而可以在贮藏期间抵御灰霉病的侵袭。肉桂提取物是一种高效的绿色保鲜物质，它对猕猴桃中的炭疽杆菌、葡萄座腔菌具有很好的抑菌和杀灭作用，且肉桂精油会抑制炭疽病并破坏其细胞膜。Hua 等人发现，姜黄素对灰霉菌孢子的萌发及菌丝生长均有明显的抑制作用，但对果实品质无明显影响，这主要是由于姜黄素抑制了真菌菌丝的穿透性，并参与了灰霉菌丝营养生长、渗透性应激和致病性的丝裂原激活蛋白激酶（MAPK）基因 bmp_1、bmp_3、sak_1 的下调表达。

（四）复合保鲜法

猕猴桃单一保鲜技术虽然发展得比较成熟，但是仍存在保鲜效果不强的缺点，无法满足人们对果实贮藏保鲜的需求。许多研究报道通过化学、生物及物理技术相互组合的复合处理方式，有效延长了果实保鲜期，达到很好的保鲜效果。

研究发现，采用溶菌酶与纳米包装技术相结合，可明显延缓猕猴桃果实后期成熟及老化，使其品质与价值得到明显提高。茶多酚与 1-甲基环丙烯处理黄心猕猴桃果实与茶多酚或 1-甲基环丙烯单独处理及对照相比，复合处理可使果实在室温下贮存时间延长，保持较好的色泽，并能明显降低果实失重，推迟呼吸高峰，使乙烯释放受到抑制。牛远洋等研究人员发现，1-甲基环丙烯与溶菌酶、水杨酸、甲壳胺复配，能明显地降低果实的酸度、硬度，延缓维生素 C 和可溶性固形物的降解，维持果实的采后质量，延长果实的货架寿命。Hur 等发现，在光催化和臭氧氧化的作用下，可以协同降解有机物，抑制分生孢子的萌发，从而达到防治猕猴桃果实采后病害的目的。

综合利用贮藏保鲜技术，既能保证产品的安全，又能充分发挥其各自的优点，能有效地解决猕猴桃采收过程中的各种生理变化和微生物的生长繁殖，从而起到延缓果实劣变、提高果实品质的效果。

四、猕猴桃加工

（一）猕猴桃饮料

1. 工艺流程

猕猴桃→挑选→去皮、籽→复合调配→胶磨→均质→脱气、灌装→杀菌

2. 操作方法

（1）猕猴桃果汁饮料的配制。采用 300 瓦搅拌器搅拌料水质量比例 1∶1 的料液，粉碎挤出 3～5 秒，确保猕猴桃籽不碎，过滤去籽。

（2）溶胶。将蔗糖和稳定剂称量后，加入适量的 70℃热水，充分搅拌，使之溶解。

（3）均质。把稳定剂、调味剂、护色剂、果汁混合均匀，然后进行研磨，制成饮料的粒径为 178 微米；然后进行均质处理，均质压力达到 20 兆帕。

（4）脱气、灌装。在真空脱气机内，压强 20 兆帕下均质，在真空度 80 千帕下脱气，减少空气含量，有效防止氧化褐变及风味物质氧化。灌装温度 60～65℃，迅速封盖。

（5）杀菌、冷却。将灌装好的饮料倒置于杀菌锅中，温度 70℃，持续热力杀菌 20 分钟，迅速降温至 40℃以下后进行保温检验。

（二）猕猴桃酒

1. 工艺流程

选料→清洗杀菌→破碎→发酵→过滤→陈酿→杀菌→装瓶→成品

2. 操作方法

（1）选料。新鲜猕猴桃放在室内保存 4～6 天，使其变软。这样容易打碎，增加果实的含糖率。然后，经过人工筛选，将腐烂的果实剔除，再用来酿造猕猴桃酒。

（2）清洗、灭菌。把猕猴桃冲洗干净。将表面绒毛和污垢洗干净，再用 3‰亚硫酸进行消毒处理，4 分钟左右后再用水冲洗。

（3）破碎。将洗净杀菌的猕猴桃果实，用粉碎机粉碎装入已经消过毒的无菌容器中。

（4）发酵。将发酵室内温度预热到 25℃，把酒曲酵母、糖化酶等按比例添加到浆液中，再把 0.07 千克酒精酵母和 0.18 千克的糖化酶进行混合。在头两天内，酵母和糖化酶都有大量的活性，所以在第 1、第 2 天不封闭，在 3 天当气温下降到 2℃左右时，可以闻到酒的香气，所以必须进行密闭。第 4～6 天温度保持在 20℃，6 天后，酒液与残渣明显地分开。

（5）过滤。发酵结束后分次粗过滤，然后放入白酒过滤器过滤两回即成原酒液。

（6）陈酿。在酒的表面放不超过 0.3‰的防腐剂防止酒的氧化。

（7）杀菌、装瓶、包装。将上清酒用滤网过滤，用紫外光消毒两次，再进行装瓶，检验合格后贴标签。

（三）猕猴桃果醋

1. 工艺流程

原料混合→蒸料→制醅、糖化、酒精发酵→醋酸发酵→后熟、陈酿→淋醋→灭菌→灌装→贴标成品

2. 操作方法

（1）原料混合。将麦麸皮与玉米粉按照 2∶1 的比例混合，加同质量的水，放置 0.5 小时后蒸煮 1 小时，再放置 0.5 小时，使其糊化。

（2）糖化、发酵。蒸煮后的料加 1 倍的水，使其温度降至约 40℃，加混合发酵剂，均匀搅拌，在 30～35℃环境中发酵。

（3）醋酸发酵。将 1.5％的醋酸菌用于酿造醋的发酵，使其温度维持在 35～45℃。在这个过程中，通常会测量产酸率，16 天左右当酸值没有上升时，就可以结束发酵。

（4）陈酿。完成醋酸发酵后，加入 3％～5％的氯化钠压实，预防醋酸菌大量繁殖，产生过多二氧化碳和氧气，10～15 天后便可淋醋。

（5）淋醋、灭菌灌装。加入与醅料相同重量的水，浸泡 6 小时后淋醋，将生醋汁加热到 90℃，维持 10 分钟就可以达到灭菌的效果，装入之前已灭菌的容器里，贴标签，即为成品。

（四）猕猴桃果酱

1. 工艺流程

原料选择→清洗→削皮→切片粉碎→蒸煮→浓缩→加蜂蜜→加糖→检测→装瓶→杀菌→冷却→装箱入库

2. 操作方法

（1）原浆制备。选用猕猴桃完全成熟后的果实，清洗干净，削去果皮，除去猕猴桃的芯，用粉碎机粉碎成果浆。

（2）蒸煮。将制备后的原果浆放入锅内蒸煮，温度控制在 105℃左右，保持 10 分钟，并不停搅拌，使其受热均匀。

（3）浓缩。称取 1％的蜂蜜添加到果酱中，称果酱 1/3 重量的水、40％的糖，把猕猴桃酱放入锅中煮沸。

（4）装瓶。在装瓶前，将瓶子杀菌消毒；装瓶时，瓶内剩余空间越少越好，经检验合格后，封盖后倒置 3～5 分钟。

（5）灭菌冷却。将装瓶后的果酱放入流动的热水池，进行沸水浴杀菌（水温 100℃时间 3～5 分钟），待自然冷却后装瓶入库。

（五）猕猴桃果脯

1. 工艺流程

原料分选→清洗→去皮→切片→护色→配糖液→真空渗糖→糖煮→糖渍→烘干→回软→真空包装→成品

2. 操作方法

（1）原料分选。选用单果重 80 克以上的八成左右成熟的坚硬果实，病树和黄化树的果实及未成熟果实都不适合采用。

（2）清洗。猕猴桃用流动水进行清洗，去除表面杂质及泥沙等，清洗完把水分沥干。

（3）去皮。利用物理方法去皮、一般用不锈钢制作手工削皮机或削皮刀去皮，果实削皮要干净不伤果肉最好。

（4）切片。将猕猴桃横切成厚度 5～6 毫米的果片，将切好的果片浸入 1％～2％ 的盐水中，以抑制氧化酶的活性。

（5）护色。果片坯放入 0.1％～0.2％ 亚硫酸氢钠溶液中漂洗 10 分钟，冲洗干净，硫浸不仅抑制果片坯氧化褐变，同时还有抑菌杀菌的功能。

（6）糖液配制。按总糖汁计，配制糖液比例为 30％ 的蔗糖、30％ 的葡萄糖、40％ 的淀粉糖浆。

（7）真空渗糖。将果片坯捞出，先加入浓度为 30％ 的糖液，添加 1％ 甘油和羧甲基纤维素以及 0.03％ 苯甲酸钠进行真空渗糖，采用小火熬制，待果片坯表面出现裂纹时，添加至糖液的浓度为 40％，然后以旺火煮制 20 分钟左右，直到果片透明。

（8）糖渍。将猕猴桃果片放入糖浆中浸泡 24 小时，取出果片，用清水清洗，去掉表面的糖浆，放在干燥的架子上晾干。

（9）烘干、包装。将沥干后的果片坯放入烘房内在温度 50～55℃ 条件下，干燥约 24 小时。然后将果脯回软压平再用包装材料进行真空包装，成品打号入库。

第三章　仁　果　类

第一节 梨 子

一、概况

梨（*Pyrus*），又名梨子，属于高等植物双子叶纲，被子植物门，蔷薇科。梨叶以椭圆形为主，大小因种类而异。梨花多为白色，有些略黄或淡粉色，有五片花瓣。由于梨的形状基本都是椭圆形的，并且有些梨的基部比尾端更细，也就是俗称的"梨形"。梨果皮颜色以绿色、浅绿色为主，部分呈现褐色、绿褐色、红褐色等，某些梨品种也有呈现暗紫色的。一般大果径的野生梨能达到 4 厘米。与野生梨相比，人工种植的梨子果径可达其两倍，长度甚至达到 18 厘米。

众所周知，冰糖炖梨能够治哮喘和干咳，而"梨糖膏"更是闻名世界。在民间，常吃梨能够清热化痰、生津润燥、醒酒。事实上，主要是因为梨子中具有丰富的营养成分以及矿质元素，如蛋白质、糖类、脂肪、葡萄糖酸、维生素以及钙、磷、铁等。梨的功效还包含下列几个方面：①医治一些干咳、便秘、口干、痰黄、内火造成的咳嗽等。②丰富的维生素 C、维生素 B_1 和维生素 B_2 能够保护心脏，消除疲劳。③梨中含有的一些独特成分，如糖缀合物、鞣质等，有显著的止咳化痰功效。④梨是一种寒性食物，能够清热安神，减轻血压升高、头昏等症状。⑤梨含有较多的糖分和维生素，容易吸收，增强食欲，保护肝脏。⑥经常摄入梨果可明显降低动脉硬化病症的发生，甚至阻断某些常见的致癌物质（亚硝酸）的形成，故有防癌的功效。⑦较高的果胶含量，能改善肠胃问题，尤其是消化不好和排便不利等症状。即使梨有如此多的作用，但有两种人并不适合吃梨。第一类是脾胃湿寒者和风寒引起的咳嗽白痰者。第二类是孕妇产后、新生儿起痘后等。不爱吃梨的人比喜欢吃梨的人更容易感染风寒。医学研究表明，吃梨还能够保养肺。因此，梨在水果界有着"全方位的健康水果"或"全科医生"的美誉。

在我国，梨子是仅次于柑橘和苹果的第三大水果产业，梨子栽培面积广，鲜梨产量丰富，梨果种类繁多。近些年，我国梨产业规模平稳，梨种植面积和产量均居世界第一，整体展现"中西部略增，东部略减"的发展趋向。2018年，我国梨产量达到 1 600 万吨，约占全国水果总产量的 6.26%，其种植面积约920 980 公顷，占全国水果业种植面积的 7.94%。据联合国粮食及农业组织统计，截至 2019 年，中国占全球梨产量已增加到 71.45%，是世界鲜梨的关键产区和消费国。我国人均鲜梨拥有量将达到 12.6 千克，远高于全球均值。

四川省因自然气候条件优越、地区广阔，适合栽种梨的区域广，各县（市、区）均有鲜梨生产。早在 2000 年前川蜀各地已有梨树种植。四川省的梨树栽培时间长，梨果品种资源十分丰富，早、中、晚熟梨都能栽培。许多品种畅销国外，深受各国人民的喜爱，如苍溪雪梨、金川雪梨、金花梨等。温暖湿润的川西盆地和众多盆周丘陵地区，以及川东、川南、川中的高温多湿区域为四川省的梨果产业发展提供了地理和气候条件，6 月中下旬至 7 月下旬都能生产品质优良的特早熟和早熟梨。

四川省的梨产区分布广，各地（市、州）均有栽培，在凉山州、阿坝州，苍溪、汉源、金川、南溪区、罗江等县生产规模较大，梨果数量多，2017 年，川内梨树种植面积超过 100 万亩，居全国第三位。2016 年，全年梨果产量高达 99.7 万吨，2017 年年产梨 91.7 万吨，2018 年年产梨 94.7 万吨，梨已然成了地方经济发展的支柱产业和县区特色产品，对地方经济的发展发挥了重要作用。目前，四川省内已有 8 个种 1 000 多个品系和类型，其中不乏优良的栽培品种和丰富的野生半野生资源品种，已有 300 多个优良梨品种，其中 257 个为原产地品种，80 多个为引入品种。在原产地品种中，153 个为白梨品种，占地方品种总数的 52.2%；104 个为沙梨系统，占 39.2%；秋子梨系统 9 个，占 3.3%；川梨品种最少，只占 0.9%。在所有品种中，梨果品质中等以下的品种和类型近 700 个。

通过对不同梨果的品质分析发现，白梨和沙梨品种的梨果品质最佳，其次为西洋梨和秋子梨，品质最差的为川梨品种。白梨和沙梨品种的梨果多为大果型，具有细嫩的质地，味甜汁丰、香气较浓（沙梨无香气），且多数具有抗逆性强、较耐贮运的特点，因此商品价值高，在生产上很受欢迎。近些年，苍溪县推出主打赏梨花、品雪梨的生态乡村旅游项目，建成中国苍溪梨博览园，带动着当地经济的飞速增长。迄今为止，园内有着 202 棵虽历尽时间岁月洗涤，仍旧枝叶茂盛、果实累累的百年老树，每年单株产量将近 350 千克，在世界范围内也实属罕见。

二、梨子采后商品化处理

为了最大限度地降低梨后期商品化处理的损害，应该在进入储存仓库的前一周，仔细检查储存设备，防患于未然，包含冷库控制系统的工作状况、冷库的各种配套设施及其机组的运行情况。保证贮藏仓库隔热、密封优良，梨果可以正常贮藏。

（一）采收

梨果的最佳采收期因种类和贮藏期长短而异。过早采摘，而果实仍处于未成熟状态，会造成梨在贮藏期内呼吸可消耗的营养成分不足，此时的梨子不易贮藏。如果采收时间较晚，果肉细胞已衰老，在贮藏库内易软化，也不利于商品化保鲜。所以，为了增加梨的采后贮藏期，必须依据梨的不同品种来确定最佳采收期。西洋梨和秋子梨必须待完全熟透才可采摘食用，因此，可以在梨果果梗容易脱落，果皮变为成熟的颜色时采收。针对白梨和沙梨种类的即采即食梨，应在果皮成熟时采收，如白梨的果皮为黄绿色时，或果实脆爽、种子为褐黑色时采收。采收时间应尽量选在早晨或气温清凉的时候。若雨天采收，梨果表皮含水量偏重，容易感染细菌或烂掉，进而缩短贮藏期。采收时可选用底层铺垫有消毒碎纸或麦草的塑料篮（筐）或竹篮（筐）等工具装载。少用甚至不用容易变形的麻袋、布袋等，防止梨果因挤压或摩擦而损坏。此外，在采收、装卸和运输过程中要尽可能降低再次装卸和搬运的次数，防止梨果发生刮擦、挤压和其他损坏。人工采收梨时，为可以长期贮藏且减少梨果损失，可以使用剪刀或小刀辅助采摘，尽量保留果柄。

梨果采收后，内部仍进行着旺盛的生理活动，例如，呼吸作用会消耗生长期内贮藏的营养物质和水分，使果实逐渐软化腐烂，此外，梨果还会释放出大量的田间热量，导致梨果包装前的环境温度急剧上升促进蒸腾作用，果肉水分大量散失，加快梨的成熟和衰老，最终导致梨果的新鲜度和品质明显下降，进而影响商品化销售。因此，要进行长期贮藏的梨果，必须在采后尽快进行降温预冷，禁止直接放入冷库贮藏（梨果对低温较敏感）。梨子园采收后的梨果应尽快运至符合条件的预冷间内，根据批次以及等级划分的不同进行分区摆放。梨果预冷温度最好设置在 0～3℃，预冷时间在 48 小时以下，但也有个别品种的梨果，在预冷时不易快速降温，例如，鸭梨就是一类对低温特别敏感的梨，采收后的梨果应预冷至 10～12℃，然后再逐渐降低温度至 0～3℃，否则这类梨果很容易发生生理伤害，果心、果肉容易褐变。

（二）清洗

对于未喷洒农药的梨果可直接采用清水清洗，即使用清水（蒸馏水）浸泡

15 分钟后用自来水冲洗，晾干后即可。而对农药残留超标的水果样品可采用 50℃温水、1％食用碱水、200 倍洗洁精稀释液等浸泡 10 分钟后再在流动自来水下冲洗 20 秒。其中使用洗洁精浸泡可能存在洗洁精残留的问题，故商品化处理过程中应尽量避免洗洁精的二次污染。研究表明梨果在 50℃温水中浸泡 10 分钟后再在流动自来水下冲洗 20 秒对农药残留的去除效果最好。

（三）分级

采收后对梨果进行分级处理，可以提高梨果的商品价值，达到商品化标准。采收后可以先按照果实的形状、成熟度以及品质好坏进行初级区分，对符合销售的果实进行下一步的分级。目前，梨果常利用的分级方法包括人工分级和机械分级两种。其中目视法是最传统的人工分级方法，主要以人的视角来判断，依据果子外形的颜色和尺寸进行分级，但该方法有着较强的主观性、劳动强度大、成本高等缺陷。对于商品化分级，现代梨果产业多数采用机械设备进行分级，比如分级机、筛选机、选果机（板）进行分级，其原理主要是根据孔径大小区分大果和小果，该分级方法具备分级偏差小，各级别梨果大小均一，便于产业化生产的优势，但也存在损失大，原始设备投资高的不足。

（四）包装与运输

根据梨果的特征，采用不同的保鲜剂处理后再进行包装。此时进行包装的目的主要是为了减少或避免商品化销售过程中因外界环境（挤压、碰撞、摩擦）对果实造成机械损伤，保护果实不受外界污染，同时也能使果实水分蒸发速度减缓，防止病虫害蔓延，也更有利于工人装卸、搬运和贮藏。梨果一般不建议使用薄膜进行包装，这是因为薄膜易导致梨果发生二氧化碳伤害进而更易褐变。梨果生产商常采用的是一种既简便又经济实用的包装袋材料——二氧化碳高透量聚乙烯袋（厚度一般为 0.01～0.02 毫米），不仅能达到优良的保鲜效果，而且能降低梨果的自然损坏率和烂果率，避免梨果发生二氧化碳伤害。具体包装方法如下：首先在瓦楞纸箱侧边打几个对称的小孔，确保梨果包装后能达到通气保鲜的效果。随后将单包装的梨果依次排列在纸箱底端，加一块薄纸板进行隔开，继续放置下一层即可。或者在瓦楞纸箱的底端放置方格形纸板将每个梨果隔开，放置两层，中间同样可以采用薄纸板进行分割。对于要求运输损伤为 0～2.0％一等品梨果在 1 天以内的长途运输，根据成本可分为 3 种：

1 毫米的 EPE 做衬垫和隔挡或 B 型瓦楞纸板，成本低；A 型瓦楞纸板，成本中等；A 型瓦楞纸板和 7 毫米的 EPE 成本最高。

梨果运输一般选择冷藏车或者保温车。一般选择透气性较好的纸箱作为最外层包装的材料，在底部放置一层塑料泡沫板，可以将梨果安全地包裹在纸箱里。如果使用快递运输梨果，通常采用泡沫箱搭配冰袋进行保温、保鲜。当环境温度高于 10℃或低于−1℃时，则需结合冷藏车、保温集装箱等保温措施。对于早、中熟品种北果南运时，应该先预冷处理。若运输时间为 3～5 天，则要求运输温度低于 10℃；若运输时间在 5 天以上，则严格要求运输车内温度与梨果贮藏温度一致。

三、梨子贮藏保鲜技术

（一）物理方法

1. 窖藏

在梨果种植园内进行初步保鲜贮藏可以采用窖藏，例如锦丰梨、长把梨、鸭梨等品种的梨果。一般贮藏梨果的地窖应选择建设在土质坚硬，通风凉爽的坡地或地下水位低的地方。对于已有的老地窖应消毒完成后才能使用，而新建的地窖至少要在梨果入贮前 1 个月完工。可以根据梨果园种植面积的大小以及梨果采收量多少挖掘不同规格的地窖，但为了方便调控地窖的温度和湿度，目前多数梨果园选用的是中型地窖（深 3 米，长 16～20 米、宽 0.8～1.0 米、门高 2 米）。地窖一般都是坐南朝北开的，中间有高 1.2 米，宽 0.8 米的人行道，也被用作通风道。上端通风口应高出天花板 0.3～0.5 米，安装防鼠铁丝网，避免啮齿类动物咬食梨果。使用地窖贮藏的果箱堆放时成"品"形骑缝排列在通风道两侧。此外，应保证最底层果箱距离地面至少 30 厘米，堆积高度距离窖顶不少于 20 厘米。尽可能调节地窖温度至最佳存储温度（1～5℃）和最佳空气相对湿度（90％～93％）。温度低于 0℃容易引起冻害现象，而高于 21℃，梨果又易产生烂梨现象。

梨果入窖时尽可能确保梨果温度和窖温降至 0℃附近。贮藏前期注意控制通风，每 6～7 天通风 1 次，一般在早晨或晚上，打开通风孔，引进冷空气，排出热空气。在储存中期，应依据具体环境温度采用必要的防寒保温对策，并根据通风口调节窖温。因窖藏内部温度易受外界环境的影响，当白天外界温度和土壤温度较高，而晚间窖内温度也难以维持低温时，应尽量缩短产品窖藏时间，尽快销售。贮藏期内，每过 25～30 天要对窑内梨果开展 1 次排查，及时挑选出感染或腐烂的梨果，这样做可以把梨果储存到来年 2 月初。

2. 通风库贮藏

对于秋白梨、鸭梨、酥梨等品种，可以储放在通风的仓库中，主要是根据通风库房里外的温差和温湿度进行调节以达到冷藏的效果，尤其要注意湿度的调节。若环境湿度太低，梨果易脱水。建设通风库时应尽量挑选地势高、地下水低的阴凉通风处，保证优良的卫生环境，门、窗、电风扇等设备完好。在通风库内，梨箱的堆积方法与窑藏类似。梨果贮藏前 4～5 天，早晚开启门窗通风，储存后每过 3～5 天通风 1 次。梨果在通风库房储存时，温度应控制在 10℃以下，保证湿度达到 90％～95％。若通风库内温度偏高，应通过通风口调节内外温差；若无法调至最佳温度，则可以进行洒水调节空气湿度，开启电风扇减温。而在寒冷季节，注意防冻是关键，尤其对某些对低温敏感的梨果更要注意防冻。

3. 冷库贮藏

大多数梨品种都可以在冷库中贮藏保鲜，如秋白梨、酥梨、巴梨等。在冷库储存过程中，应注意库内温度条件，防止冷害发生。因为梨和苹果混合存储时会加快彼此成熟速度，缩短商品化销售时间，因此，不能储放在同一个冷库里。在冷库中，可以采用蜂窝形堆积，也可以采用窑藏的堆积方式。与之相同的是箱体的堆放体积不能太大，果箱之间应留有充足的间隙。果箱应距地面 15～20 厘米（果箱底部可以用托盘或垫木垫起，且不影响库内冷气流通），离顶端 20～30 厘米。码垛间距应维持在 0.5～0.7 米，库房中间留 1.0～1.3 米的过道作为通风道。梨采摘后应尽早入库，每日入库量不得超过库容积量的 15％。果箱入库后，在 3 天内将库内温度降到符合条件的温度。但针对低温敏感的梨果，贮藏后应选用分步降温法。如存储鸭梨时，库温先降到 10℃，随后每隔 3 天库温下降 1℃，当库温降到 4℃后，每隔 2 天下降 1℃。直至库温降到 1℃。存贮期内，温度和湿度应保持稳定。大部分梨的适合贮藏温度为 0～1℃，相对湿度为 90％～94％。一般每 10 天左右进行 1 次换气。

4. 气调贮藏

常见的塑料帐篷、塑料袋冷藏、气调包装以及机械气调库贮藏都属于气调贮藏。常用于贮藏南果梨、长把梨、秋白梨等梨果。目前，气调库的建设存在投资、应用以及维护成本高等不足。气调贮藏需要根据不同品种的梨的特征，调节气调库内气体成分比例，否则易因氧气和二氧化碳成分的变化而造成梨果生理生化代谢的改变。因此，在采用气调贮藏梨果时，必须了解该品种的梨果最佳的气体成分比例。氧气浓度为 3% ～ 5% 的低氧环境能够延缓几乎所有梨品种的成熟衰老，但每个品种对二氧化碳的适应性却有所不同。少数品种，如秋白梨、库尔勒香梨等，需要贮藏在二氧化碳浓度为 2% ～ 5% 的环境中，其他品种大多对二氧化碳敏感。而高浓度二氧化碳易造成梨果的生理代谢紊乱，形成某些生理疾病，例如二氧化碳浓度超过 2.81% 时，苹果梨容易发生二氧化碳中毒。当氧气含量不足时（如小于 13%），容易得蜜病，因此气调贮藏时必须严格控制袋内或室内的二氧化碳和氧气浓度。

5. 辐照贮藏

辐照的杀菌作用，可以延缓果实采后的生理过程，降低酶活性，延缓呼吸强度，延长香梨 1.5～2 个月的商品化贮藏期。当辐照剂量为 1 千戈瑞时，酶的相对活性降低至 74%，而当 1 千戈瑞的辐照辅助 pH 处理，可以将酶的相对活性降低至 12.7%。包装辅助超声波处理能明显延缓梨果的呼吸强度，使梨的呼吸高峰出现较晚，呼吸跃变也延后 10 天，增强有关酶的活性，尤其是抗氧化酶，将梨果的贮藏保鲜时间大大延长。此外，UV－C 结合 1-甲基环丙烯处理香梨贮藏于低温下，果实发病率及病斑直径明显降低，有抑制香梨黑斑病发生的作用。同时，UV－C 辅助 1-甲基环丙烯处理还能提高果实防御性酶 POD、PAL、CHT 和 GLU 的活性，增加果实对病害的抗性。

6. 减压贮藏

减压贮藏可使梨果贮藏时间比一般冷库长 3 倍左右，比气调贮藏长近 1 倍，且可明显提高梨果新鲜度，增加销售货架期。因此减压贮藏相对于普通冷藏、气调贮藏具有很多的优点，例如，能保持新鲜水果的品质，消耗的维生素、有机酸以及叶绿素营养物质较少，同时具备延长贮藏时间、快速降温、迅速减氧、迅速除去有害物质成分、环保卫生、贮藏容积大、即食贮藏、延长货架期、节能经济等特性。

例如黄花梨在采摘后容易衰老导致腐烂加快，维生素 C 和可溶性总糖迅速降低易造成口感下降，因此在常温下的贮藏期不到 7 天。减压贮藏能使黄花梨贮藏期内呼吸强度明显下降的同时降低维生素 C 损失，保持梨果含水量、硬度和可溶性总糖，有效维持超氧化物歧化酶（SOD）的活性，阻遏过氧化氢酶活性的升高。采用气调方式贮藏黄金梨时，设置温度为 $1℃$，压力为 10 千帕，可以使黄金梨在贮藏期内达到最佳效果。研究人员发现在（10±5）千帕压力下贮藏翠冠梨 2 个月，仍能保持其脆、甜、香的品质。

(二) 化学方法

1. 1-甲基环丙烯处理

甲基环丙烯能够减缓梨的呼吸速度、减少乙烯释放量，进而增加梨的货架期。研究表明，常温条件下，采用 1-甲基环丙烯处理黄金梨能延缓果肉结构性能的改变，但果肉弹性除外。对西洋梨采用 1-甲基环丙烯保鲜一段时间后发现，相比常温贮藏，该方法不仅可以使西洋梨发生的病害明显偏少、果肉褐变减少，同时也保证了梨果的硬度、增加了梨果色泽。1-甲基环丙烯辅助减压处理翠冠梨，可降低梨果营养成分的损失，包括可溶性总糖、可滴定酸和维生素 C 等，维持梨果硬度和色泽，延缓超氧化物歧化酶以及酶活性的改变，保持梨果在产品化销售前的质量。在达到 60 天的贮藏期后，果实硬度相比对照组提高了 82.96%，果肉组织没有变面，也未出现任何褐变，同样具备与鲜果类似的食用体验，保证了翠冠梨异地销售的商品价值。

2. 钙处理

钙是水果和蔬菜成长发育所需的营养元素之一，对水果和蔬菜的很多生理代谢功能有关键的调节作用。梨果采后进行浸钙处理对降低呼吸率、保证果子硬度、果实完整性以及最佳成熟度具有较明显的效果。在植物生理活动中，钙是果实的某些特殊结构成分，同时也可以协助果实内部某些酶发挥作用。例如，可以将梨果收到的刺激的信息转换为具体的生理生化反应，进而决定代谢的方位。特别是在维持果肉硬度、缓解生理病症、保证梨果品质等方面发挥着重要作用。目前研究表明，钙具有的生理功效主要包含两个层面：其一，降低乙烯的生成，防止梨果后熟老化，维持较佳的硬度。其二，钙作为细胞膜的组成成分和保护剂，同时保证蛋白质的合成能力和原生质膜结构的稳定，避免细胞和液泡的物质流失，延缓果实衰老以及组织变软。具体方法是将分级后的梨果放入一定浓度的氯化钙溶液中，浸泡 15 分钟，取出后沥掉多余水分，置阴凉通风处晾干。

研究表明，采用 1% 和 3% 的钙液处理梨果后发现，该方法可以明显延缓可溶性固形物、硬度、维生素 C 以及可滴定酸含量等指标在保鲜期内的下降速率。同时钙处理翠冠梨可以使得果肉钙含量增加，抑制果肉组织的生理代谢作用，延缓催熟剂——乙烯的释放，阻碍细菌的生长繁殖，降低梨果的霉烂率，增加翠冠梨的保鲜时长。采用不同梯度的钙浓度处理库尔勒香梨后，存储在 18~20℃ 条件下，随着钙浓度的升高梨果的呼吸跃迁到达时间不断向后延迟，其呼吸高峰呈现持续下降趋势。

3. 臭氧贮藏保鲜

采用（0±5）℃冷藏辅助每 15 天臭氧处理 30 分钟，皇冠梨在 75 天的贮藏期内，水溶性固形物含量、维生素 C 的含量以及可滴定酸含量和维生素 C 含量未发生显著变化，保持了黄冠梨的营养成分和香气。每天用 4 毫克/立方米的臭氧处理砀山酥梨后，置于（0±5）℃进行冷藏，可减缓梨果的呼吸强度，使可溶性固形物含量降低速率变缓，明显抑制烂果率。经过臭氧处理的库尔勒香梨，既保留了香梨特有的口感，延缓果皮后熟和呼吸强度，又能减慢香梨的生长代谢速率，抑制乙烯的释放达到最高值，防止果实提前成熟，较好地维持香梨的颜色和硬度，使得香梨获得较长的贮藏期。研究表明，相同条件下，当臭氧浓度为 19.26 毫克/立方米时，香梨能获得更佳优良的品质，此时的香梨营养成分更佳、果皮颜色翠绿、果肉口感酸甜适度，色泽鲜绿。但鸭梨和雪花梨品种在臭氧处理后却会导致贮藏期缩短，随着臭氧浓度值的增加，梨果的可溶性固形物和可滴定酸的含量下降速率也越来越明显，果皮软化和果心变黑时间也不断提前。

（三）生物膜保鲜

1. 单一壳聚糖涂膜贮藏

壳聚糖，也称为几丁聚糖，是天然、绿色的碱性多糖。主要由自然界中的几丁质脱乙酰化而形成。从虾、螃蟹壳和病菌、藻类植物细胞壁中获取的壳聚糖具备优良的纯天然高分子活性，可作为涂层材料，拥有优良的补水性、润湿性、易溶解性、成膜性以及极强的抑菌防腐效果，同时，安全无毒可生物降解。因此，被广泛应用于水果和蔬菜的抗菌保鲜。壳聚糖能通过共价键化学交联产生网络架构，在有关溶剂的作用下，能够做成多孔结构的透明保护膜。壳聚糖水溶液有较强的黏度，是一种理想的成膜材料。

当壳聚糖喷洒或涂抹在果蔬表面后，会在表面产生一层半透性膜。这种膜可以选择性透过一些气体成分（氧气、二氧化碳、乙烯等），同时有一定的保水性。不仅能阻拦外部气体进到膜内，抑止呼吸作用，而且能主动排出代谢过程中产生的二氧化碳，避免果蔬出现发酵现象。换言之，涂抹壳聚糖后，可以通过果蔬表面的膜控制细胞内外氧气和二氧化碳的浓度值，进而弱化呼吸作用，最终实现保鲜的目的。与此同时，壳聚糖形成的半透性膜也阻止了病菌与寄主细胞之间的直接接触，果蔬被细菌感染的概率也能明显下降。应用此类方法进行果蔬保鲜时，半透膜的厚薄程度是其中最关键的影响因素，壳聚糖的黏度虽各有差异，但却都存在一个最佳的使用浓度。若浓度远远小于最佳使用浓度时，壳聚糖黏度也较小，会因形成的保护膜非常薄，对气体的选择透过性较小，造成果蔬细胞内氧气值上升，二氧化碳值下降，使得呼吸作用变强，保鲜效果比较差。若浓度远高于最佳使用浓度，壳聚糖黏度较高，会形成一层比较厚的膜，使细胞内氧气值偏低，部分无氧呼吸完全替代了果蔬组织的正常呼吸，进而加快果蔬的后熟和衰老，影响其商品化销售品质。

壳聚糖涂抹在梨果表面，可以通过优化呼吸作用的方式，提高磷酸戊糖途径，增加次生代谢产物的累积。当细胞膜选择性吸收了壳聚糖中的氨基和羟基以及某些次生代谢产物后，不仅提高了细胞膜的支持保护作用，又减少了梨果生理代谢过程中形成的羟基自由基和某些促进催熟剂产生的中间体对膜功能的损害，有利于延缓果肉细胞的衰老。壳聚糖能显著降低砀山酥梨在贮藏期内水分、可滴定酸、维生素C和总糖的损失，维持砀山酥梨的品质，增加货架期。研究表明，砀山酥梨在经过 2.0％壳聚糖水溶液处理后，能达到最佳的保鲜效果。用此方法对贡梨进行保鲜处理后，腐败率明显下降，贡梨的商品化贮藏时间也得以延长。室温下，采用2％壳聚糖涂膜处理库尔勒香梨，调节空气相对湿度为 80％～85％时，库尔勒香梨在贮藏 35 天之后，仍能保持鲜果时的优良外观和口感。

2. 壳聚糖复合涂膜贮藏

相比单一壳聚糖涂膜处理，壳聚糖复合涂膜具有更明显的优势。壳聚糖—果胶复合涂膜能明显降低梨果失重率，维持果肉硬度、总糖和维生素C含量，对果蔬的保鲜效果更明显。室温下，采用2％壳聚糖和0.03％纳米二氧化钛处理金秋梨后，可溶性固形物、总酸和维生素C的含量显著高于单一壳聚糖液涂膜组。黄花梨在纳米硅基氧化物—壳聚糖复合膜处理下，即使贮藏在20℃环境中，也能延缓梨果呼吸峰值和乙烯峰值到来的时间，提高纤维素酶活力，抑制纤维素和原果胶的分解，提高果胶占比，维持果实的硬度。此外壳聚糖复合膜能阻碍南果梨中丙二醛的产生，增强某些脂氧合酶的活性。随着冷藏时间的延长，叶绿素含量呈下降趋势，可溶性固形物含量不断增加，总酸含量先升高随后逐渐降低。其中50％壳聚糖复合膜保鲜效果最佳，能显著延缓未成熟的南果梨在贮藏过程中的颜色变化，并维持鲜果的品质和口感。

3. 中草药贮藏

石浩等人利用黄芩提取液（SBG）和黄芩、苦参、半支莲混合液（KSJ）

处理贡梨，研究发现，两种保鲜方法均能抑制贡梨水分的损失以及维生素 C 氧化和糖、酸的降低，维持鲜果的品质和风味，延长贡梨的贮藏期，结果表明，混合提取物的保鲜效果要比单一的提取液好。采用青蒿、青蒿和黄芩熬制剂处理黄花梨果实腐败率分别比对照组降低 40%～59%、89%～92%，出库时果实的果肉硬度分别比对照组增加 6.08%、14.19%，有机酸含量、维生素 C 含量均明显高于对照组。采用青蒿和黄芩熬制剂处理的梨果，丙二醛含量显著低于单一对照组。对黄花梨贮藏期内的生理代谢影响，青蒿和黄芩熬制剂呈现出明显的协同作用。此外中草药中活性成分可以抑制病菌生长、减少果实腐败、有效抑制果实的呼吸强度、提高超氧化物歧化酶活性。中草药提取液和淀粉复合涂膜处理能延长晚大新高梨的贮藏寿命，使果实内呼吸强度、硬度和维生素 C 含量变化明显降低，延缓果实的物质消耗，减少果实与贮藏环境的物质交换，从而达到保鲜目的。

四、梨子加工

（一）干白雪梨酒

1. 工艺流程

选材→清洗→破碎→打浆→酶解→澄清→调配→发酵→倒酒→下胶→过滤→陈酿→调酒→热处理→冷处理→过滤→杀菌→灌装→压塞→封口→贴标→检验→成品

2. 操作方法

（1）选材。采用大小均一，无腐烂的梨子酿制高质量酒，品质较差梨酒可以用一些残缺果和梨罐头边角料酿制，筛选出霉烂的梨果即可。

（2）清洗。在水槽中，去除漂浮的叶片和其余杂草，沉淀去除淤泥等杂质。

（3）破碎。用粉碎机粉碎或采用破壁机破碎，碎渣 0.15～0.2 厘米即可，不宜过小，否则容易形成黏糊状不利于打汁，也不宜过大，否则也不利于后续出汁。

（4）打浆。通过榨汁机进行打浆，过滤出的果渣进行自然发酵结束后，添加 6.5% 的稻壳蒸馏出果烧酒，用于酒精勾兑和水果酒调制。

（5）主发酵。每 1 000 千克果汁添加 100 克焦亚硫酸钾进行灭菌，或将二氧化硫溶解于发酵罐中，往罐内倒入果汁。二氧化硫浓度达到 0.01% 时，果汁中杂菌的生长繁殖基本能完全被抑制。当添加的果汁至罐容积的 4/5 时，添加 5%～10%的酵母发酵液，将发酵液与果汁充分混匀。在 20℃环境中进行发酵。确保温度不宜过高，否则生产的梨果酒香味较差。发酵 14～21 天后，果汁的清甜味变浅，酒香增加，意味着糖类成分基本发酵完成。

（6）换罐。前期发酵完成后，过滤出已发酵的上清液，再转到另一个灭菌后的发酵罐发酵，添加食用酒精，调节酒精含量至 14%。

（7）后发酵。换罐后发酵 25～30 天，控制发酵温度在 12～15℃。通入二氧化硫，使含硫量至 0.01%。加入少量食用酒精，将梨果酒酒精度调至 16°以上。

（8）窖藏。高品质梨酒至少窖藏 2 年，普通的梨酒至少窖藏 1 年。窖藏过程中需要进行倒缸处理，用以滤除混浊杂质。

（9）调配。加入食用酒精调节酒精含量，一般每升普通梨酒酒精含量为 180 毫升，2 克砂糖，3 毫升总酸。

（10）灌装和灭菌。调配好的梨酒可以灌装至消毒灭菌后的玻璃罐中，加盖密封好后置于 70～72℃巴氏灭菌。

（二）梨脯

1. 工艺流程
原料→清洗→去皮→切分去籽巢→护色硬化→糖煮→糖渍→烘制→定糖→包装

2. 操作方法

（1）原料挑选。挑选果形齐整、果肉厚实、八成熟、无病害的梨为原料。

（2）原料清洗护色。用清水清洗，去除梨果表面的杂质。若梨果生长过程中喷洒的农药较多，为避免果皮上残留的有机农药成分对人体的伤害，可以用含次氯酸钠的漂白液泡浸原料 3～5 分钟，同时控制浸泡液温度不高于 37℃，随后用流水多次冲洗梨果。用削皮机（手动式）去除梨皮，果肉切成两半并去果核和籽粒后，即刻放置在 1%的盐水中护色泡浸，避免果肉氧化褐变。

（3）第一次糖渍。将梨果块从护色液中捞出，尽量将水分控干，添加 20%的白砂糖充分包裹梨块。为得到商品化销售时的明亮颜色，避免维生素 C 成分的损失，以及果肉发生褐变，可以添加硫（以二氧化硫计）不得超过 0.1%的亚硫酸氢钠水溶液 0.3%～0.4%，持续搅拌糖渍 24 小时。

（4）第一次熬糖。在不锈钢锅中添加 20%的白糖和等比例的饮用水，升温溶解；将第一次糖渍料液全部倒入刚熬好的糖液中，继续熬制 20 分钟，同时通过柠檬酸调整糖液酸值。

（5）第二次糖渍。将不锈钢锅内的梨块和糖液一同倒出，第二次糖渍时长同第一次糖渍相同，糖渍结束后，添加20％的白砂糖，继续熬煮30分钟。

（6）第三次糖渍。第二次熬糖后，再次浸糖24～36小时，使糖液替换梨块内部的水分，维持梨块的形状完整。

（7）烘制、整形。将沥干糖液的梨块整齐摆放在烘烤盘中，随后放置于50～60℃的烘干房中24～36小时。烘干房内每隔一段时间进行通风除湿，及时对梨块翻面保证各部分充分烘干，并用手掌将梨块压成平扁圆形。尽量使梨脯粗制品呈现无皱缩、无结晶物、果肉紧致而平整，色泽呈现金黄色，口感酸甜适中，无糖的焦煳味，控制梨块水分含量在17％～20％，含糖量在65％～68％。

（8）定糖。将白砂糖、淀粉以及水按照2∶1∶2混匀，煮至114℃，随后降温至93℃，使之形成过饱和状态的糖液。从烘干房取适量的梨块浸泡于过饱和糖液中1分钟左右，取出上好糖衣的梨脯，平铺在筛网表面，于50℃下缓慢烘干。上好糖衣的梨脯表明有一层透明的糖膜，能够避免吸潮和粘连，既提高了贮藏性，又使梨脯增加了视觉感受。

（9）包装。根据市场实际情况，将各批次检验合格的梨脯按需包装。独立包装的商品，必须使用满足食品类规定的透明纸包装，随后进行封袋或封箱。最后包装箱上要注明有关生产信息，例如果脯名称、净重、出厂日期、保质期、品质优良性以及产地。

（三）梨酱

1. 工艺流程

原料选择与修剪→护色→打浆→渗糖→浓缩→灌装→密封→杀菌→冷却

2. 操作方法

（1）原料选择与修剪。筛选果实新鲜圆润、果肉成熟、质地较好、籽巢小、石细胞少、香味浓郁的梨果。除去有病虫害、色斑、果皮变色的烂果坏果。去皮，对半切开，去籽巢，立刻浸泡于1％的食盐水中。

（2）护色。将梨块从食盐水中取出后，放入沸水中煮制10～20分钟，抑制多酚氧化酶的活性，避免变色，同时促进果胶的降解以及梨果内部组织变软，以便后续打浆和渗糖。

（3）打浆。使用箅板孔直径为0.5～1毫米的榨汁机打浆并过滤。

（4）渗糖与浓缩。将等比例的白砂糖熬制成75％的糖液。将梨浆加入1/2

的糖液中，在锅内继续煮沸 30 分钟，使果肉组织变软，再加入剩下的糖液，继续熬制浓缩。当梨酱的可溶性固形物浓缩至 68％或者浓缩温度达到 105℃即可关火，浓缩过程尽可能控制在较短的时间内完成，最好不超过 20 分钟。

（5）灌装、密封。当果酱温度冷却至 90℃时灌装，装罐后马上密封。灌装过程中尽可能保证果酱不沾染罐口。

（6）杀菌、冷却。巴氏杀菌 20～25 分钟，随后分段冷却至 37℃。

（四）梨干

1. 工艺流程

原材料挑选→去皮→切分→去皮→熏硫→去皮→分级→包装

2. 操作方法

（1）原材料挑选。挑选果肉质地鲜嫩、石细胞少、香味浓厚、糖分高、籽巢少的梨果。去除烂掉和过熟的梨子。

（2）去皮、切分。可用削皮刀或削皮机去皮，同时切除果梗和叶片，将处理好的梨果切成片或对半开或切成四瓣。

（3）护色。将切好的梨子立即放入 1％～2％的盐水中，或者用喷雾器喷洒进行护色，以避免切完的梨块在空气中氧化褐变。

（4）熏硫。将护色好的梨块平铺在竹匾上，放入熏硫室熏蒸，硫黄用量为每 100 千克梨需用 200 克硫黄。根据前期梨块切分方式和梨片厚薄程度确定熏黄所需时间，一般控制在 8～12 小时。

（5）干燥。将熏好的梨送入烘房烘烤，烘房温度为 70～75℃，或直接置于太阳底下曝晒 2～3 天，随后将竹匾堆叠于通风处晾晒 20～40 天回软处理。

（6）分级。一般优质的梨干呈现色泽明亮、形状完整、有梨子特有的香味；无任何外来杂质，用手指按压时无粘连、有弹性；含水量一般在 10％～15％，含硫量低于 0.05％；无焦化和结壳现象

（7）包装。按质量分级，将梨干装入塑料食品袋中密封后，选用木质箱或纸盒进行外包装，防止返潮。

（五）梨蜜饯

1. 工艺流程

原料筛选→清洗、削皮→灰漂→清水浸泡、清洗→糖渍、熬糖→冷却→包装

2. 操作方法

（1）原料筛选。筛选出无病虫害、无碰撞损伤，不适合生产加工梨干、梨脯的梨子。

（2）清洗、削皮。将筛选出的梨子放置于滚动清洗机内冲洗，洗完去皮，去籽巢，保持个型完整。

（3）灰漂。将修整好的梨子放入浓度为15%～20%新鲜的石灰水中，保证梨子完全浸泡在石灰水中3～5天，早晚各翻动1次。

（4）清水浸泡，清洗。将梨块从石灰水中捞出沥干水分，放入大缸中用清水浸泡4～5天，早晚各换水1次，直至水变清为止。

（5）糖渍、熬糖。将梨块倒进铝锅，添加30%的白砂糖，大火烧开煮沸1小时左右。将锅连着糖水一同倒进糖渍罐中，浸泡1天。次日，将糖煮过的梨块重新倒回锅内煮沸，继续加入30%的白砂糖，熬煮1小时左右，当温度到108～110℃，糖液铲起时能流出糖丝，即可。

（6）冷却。熬糖结束后，将梨块转移至盘中冷却，即梨蜜饯。

（7）包装。用0.5千克塑料薄膜食品包装袋真空包裹、密封。优质的梨蜜饯呈现饱满半边梨形，色泽为白色略黄、纯甜爽口，略有原果风味。

（六）糖水梨

1. 工艺流程

原材料→清洗→去皮、切分→修整、护色→预煮→分级→灌装→排气、封罐→杀菌、冷却→擦罐、入库

2. 操作方法

（1）原材料。选择新鲜圆润、成熟度中等、果肉质地鲜嫩、口味正常的，无发霉、冻伤以及其他机械损害的梨子。

（2）清洗。先将梨子表面的尘土及杂质用清水清洗，为洗去梨子皮上的蜡质物质以及农药残留，可以用0.1%的盐酸浸泡5分钟，再用清水冲洗，洗净果皮上的盐酸溶液。

（3）去皮、切分。摘除梨子果梗，去皮，将梨子对分，去籽巢。

（4）修整、护色。去除梨块的机械伤、虫斑等损伤，立即放入1%～2%的食盐溶液中护色，随后清洗梨块表面残留的食盐溶液。

（5）预煮。将清洗后的梨块加入烧开的0.1%～0.2%柠檬酸水中，继续煮沸。根据梨块的大小确定煮沸的时间，一般为5～10分钟，确保梨块熟透且

不烂。

（6）分级。以梨块的大小、成熟情况以及外观色泽分级，同时剔除已经软烂、有明显伤痕或变色梨块。

（7）灌装。根据玻璃罐的大小，将不同级别的梨块分别装入已经消毒的瓶中，并添加一定量的糖水，将梨块浸没。

（8）排气、封罐。将灌装好的玻璃瓶放置于排气箱内加热排气，使中心温度大于80℃时，立即加盖密封。

（9）杀菌、冷却。将梨块罐头放进开水中煮沸15~20分钟，完成杀菌，随后采取分段冷却的方式使罐头温度降至38℃。

（七）雪梨西瓜复合果酱

1. 工艺流程

①西瓜→清洗→去皮、去籽→切块→榨汁

②雪梨→清洗→去梗、削皮、去籽粒→切块→护色→榨汁

①＋②→调配→均质→加热浓缩→灌装→排气、封盖、杀菌→冷却→成品→感官及检测

2. 操作方法

（1）去梗、削皮、去籽、打汁。将清洗干净的西瓜去皮、雪梨去梗去皮后去籽粒，用小刀切成小块，放入含0.05％的维生素C溶液中护色处理，分别将西瓜和雪梨放入榨汁机中榨汁。

（2）调配、浓缩。按照一定比例调配西瓜汁和雪梨汁，混匀后均质，将混合汁转移至锅煮沸浓缩，并不断搅拌，根据要求添加适量的白砂糖、增稠剂以及柠檬酸，每隔一段时间测定其可溶性固形物含量，当其含量大于60％，即可装灌至消毒过的玻璃罐中。

（3）排气、杀菌。将灌装好的复合果酱放入蒸汽锅中排气，使中心温度不低于85℃，立即取出封盖，随后置于沸水中煮沸10分钟，进行灭菌。

（4）冷却。灭菌后的复合果酱依次在80℃、60℃、40℃的水浴中进行冷却。

（八）山药—梨复合型果醋

1. 工艺流程

梨＋山药→去皮、洗净→切片→护色→预煮→榨汁→汁液混匀→澄清→调配→杀菌→酒精发酵→醋酸发酵→澄清→过滤→灭菌→成品

2. 操作方法

（1）护色。氯化钠和柠檬酸按照 10∶3 的比例溶于 1 升的清水中，将清洗去皮后的山药以及去籽的梨果放入上述护色液，静置 5 分钟。

（2）澄清：将预煮后的山药和梨果打汁，并按照一定比例混匀，添加占复合汁液总体积 7.5％的果胶酶，并充分搅拌，添加适量的柠檬汁调节复合汁液的 pH 至 4。

（3）杀菌。在调配好的复合汁液中按照 80 毫克/升的量添加焦亚硫酸钾。

（4）酒精发酵。在 5％蔗糖水中添加 0.1～0.5 克/升活性干酵母，混匀后置于 38℃的恒温水浴锅中活化 20 分钟。将活化后的酵母菌溶液加入复合果汁中并于 20～35℃的恒温培养箱进行酒精发酵，约 4～10 天。

（5）醋酸发酵。酒精发酵结束后添加一定量的醋酸菌，并置于 30℃的水浴锅中，持续搅拌，使新加入的醋酸菌溶解至复合果汁中。随后放入温度依次为 25℃、35℃、40℃，转速为 120 转/分钟的恒温摇床培养箱中进行醋酸发酵，约 4～10 天。

（6）澄清。醋酸发酵完成后，添加果醋总体积 0.5％的壳聚糖溶液（浓度为 0.1％）进行澄清 1.5 小时。

（7）过滤、杀菌。将复合果醋过滤，去除不溶物质，滤液即果醋，巴氏杀菌 20 分钟后立即分段冷却至 5℃左右，即可。

（九）芹菜—梨复合型果蔬汁饮料

1. 工艺流程

①芹菜→清洗→切段→热烫→冷却→榨汁→过滤→芹菜汁

②梨→清洗→去皮→切块→榨汁→过滤→梨汁

③调配→脱气→均质→灌装→杀菌→冷却→成品

2. 操作要点

（1）芹菜汁制备。挑选新鲜脆爽的芹菜，去根和枯黄茎，用自来水洗净黏在表面的泥土和污垢，沥干水分，切成约 2 厘米的小段，用浓度为 0.05％的碳酸氢钠水溶液调节热水（95℃）的 pH 到 7～8，浸泡护色 3 分钟，捞出后控干水分，立即放入凉水中冷却。待其冷却至室温后取出榨汁，汁液用 4 层纱布过滤去除滤渣，滤液备用。

（2）梨汁的制备。选择新鲜成熟的皇冠梨，用刀除去外果皮、果仁，切成小块（约 2～3 厘米）。在室温下，在浓度为 0.5％维生素 C 水溶液中浸泡护色

12 分钟，护色后捞出滤干水分，榨汁，汁液用 4 层纱布过滤去除滤渣，滤液备用。

（3）芹菜—梨复合型汁饮料的制备：按照芹菜汁∶梨子汁为 1∶2 的体积比混匀，根据总体积的量添加 3％的白糖、0.06％的柠檬酸、0.1％的黄原胶—琼脂进行口感调配，并不断搅拌，直至全部溶解。室温下，复合汁脱气后，均质，设置均质机压力为 10～15 兆帕，温度为 50～60℃。使用洁净的玻璃瓶灌装，置于 90～100℃下沸水灭菌 30 分钟，分段冷却即可。该复合果蔬汁淡黄绿色，口感清爽，集与众不同口味和营养健康于一体。

（十）黑枸杞梨汁复合饮料

1. 操作流程

砀山酥梨→清洗→去皮、去籽→切块→护色→榨汁→酶解→过滤→灭酶→澄清→离心→梨汁

梨汁、黑枸杞→调配→过滤→均质→灌装→杀菌→冷却→成品

2. 操作方法

（1）梨汁制备。用流水清洗梨子表面的污垢和杂质，去皮、去籽巢，切成小块后立即放入护色液中（护色液由 0.5％抗坏血酸，0.4％D—异抗坏血酸钠，0.2％柠檬酸组成），梨块全部浸没在护色液中 10 分钟。捞出后榨汁，在果汁中添加 0.15％的果胶酶，置于 40℃的恒温水浴锅中酶反应 1 小时，200 目筛网过滤去除滤渣。在滤液中加入适量的壳聚糖水溶液，搅拌均匀，静置一段时间后离心，合并上清液，即澄清的梨汁原液。

（2）混合。在梨汁原液中加入枸杞，混匀后添加一定比例的柠檬汁、白砂糖和稳定剂，添加适量的水，搅拌均匀后用均质机均质，使复合汁液变成澄清均匀的液态，口感绵软细致，即得到口感较佳的复合汁液。

（3）灌装、灭菌。果汁包装瓶通常采用玻璃瓶，需要在灌装前清洗，并置于 100℃热水中煮沸 20 分钟，待玻璃瓶冷却后装入复合汁，随后热水（90℃）杀菌 10 分钟。分段冷却即可。

第二节 枇 杷

一、概况

枇杷（*Eriobotrya japonica*），起源于我国四川大渡河中下游地区，因为枇杷叶子形状和乐器琵琶比较相似而得名。大部分的果树在春夏开花，而枇杷却在秋天或初冬开花，在春天至初夏时果子才成熟，比其他果子成熟要早，因此被称为"果木中独备四时之气者"。枇杷属于亚热带常绿果树，是我国南方特有的水果。它的果肉充满汁水、味甜、品质柔软细腻、营养丰富，具有润肺消咳、清热健胃、利尿等功效，常作为营养保健果品。

枇杷的主要种植区为：云贵川地区、华东地区、华南地区以及华中地区和中国台湾等地区。枇杷树多在南方地区种植，以福建、浙江、江苏等地种植最盛。湖南、湖北、浙江等地较多，在我国四川、湖北等地野生枇杷品种多。

据调查报告，野生枇杷分布在四川省大渡河流域、贡嘎山东南坡的石棉县、汉源县及泸定县等海拔 1 000～2 000 米的区域内；另外在会理的内西乡有野生枇杷原始林，枇杷野生资源十分丰富。加之 20 世纪 80 年代末 90 年代初四川省先后从日本引进了大房、房光、有永、有间等 10 多个枇杷新品种，以及从省外引进的华宝系列、洛阳青、洞庭枇杷、早钟 6 号、日本的田中、茂木、解放钟等品种，为四川省枇杷产业发展及选、育种工作打下了良好的基础。枇杷在四川省的主要产地有龙泉山脉区域的双流区、龙泉驿区、仁寿县、简阳市；川南的泸州市；川北的广元市以及攀枝花市、阿坝藏族羌族自治州等地。2006 年，双流区枇杷种植面积已发展到 1.05 万公顷，投产面积 0.53 万公顷，产量 8 万吨；龙泉驿区枇杷种植面积 0.59 万公顷，投产面积 0.4 万公顷，产量 3.4 万吨以上；仁寿县枇杷种植面积 0.8 万公顷，投产面积 0.47 万公顷，产量 2.8 万吨，且产品全部获得无公害农产品认证。四川省的主要枇杷种植基地，枇杷产业链已成为当地农户创业致富的重要途径之一，变成经济发展和"双增长"的主导产业。

二、枇杷采后商品化处理

（一）采收

将有机械损伤、病虫害、外观畸形等不符合商品要求的产品挑选出来。刚从果园收获的枇杷大多带有枯叶、泥土、病虫污染等，容易附带大量不利于人体健康的病原微生物，需要及时处理，有的还需将不可食用部分如根、叶、老化部分等去除。

果实采摘后的预处理是提高枇杷贮藏保鲜效果的重要环节。采收后的枇杷最好在 1 天内降温至 0℃ 左右，通过降低果体的温度，释放果实体内的热量，抑制细胞呼吸强度和呼吸酶的活性，防止微生物污染。枇杷采后的预冷处理应确保及时进行，可采用预冷间（0℃）或冷库冷却，也可选择摊晾在通风凉爽的地方 2～3 天，使其温度下降至接近贮藏温度。

（二）清洗

洗去果实表面大部分的污物及病原微生物，改善商品外观，提高商品价值。

清洗注意事项：用清水清洗，洗后的水不可二次使用，清洗槽设计要合理，方便清洗果实，可在水中加入漂白粉或 50～200 毫升/升的次氯酸钠作为消毒剂，阻止病菌传播；加入 1%～2% 的碳酸氢钠或 1.5% 碳酸钠可帮助洗去果实表面污物和油脂；或将 1% 磷酸三钠加入 38～43℃ 的温水中也可帮助除污。清洗方法通常有：工人手动清洗和传送带机械清洗。

降低水分蒸发，保证商品新鲜程度。抑止呼吸代谢，减缓衰老。清理后，商品表面固有的蜡层略有损害，往往需要打蜡。蜡液是蜡颗粒均匀地分散化在水或油中，产生稳定的混液。果蜡的主要成分是天然蜡（棕榈蜡、米糠蜡等）、生成或纯天然无机化合物（聚糖、蛋白、纤维、破乳剂、水、有机溶液等）。蜡在乳化剂的作用下产生稳定的水油（O/W）管理体系。蜡的水或有机溶剂的含量通常为 3%～20%，最好是 5%～15%。现阶段商业上使用的蜡液基本上都是将石蜡（可以很好地抑制水分损害）和巴西棕榈蜡混合后作为原材料。近些年，带有高压聚乙烯、树脂材料原材料、破乳剂、润湿剂的果蜡逐渐被普遍使用。打蜡方法分成手工制作抛光打蜡（30～60 秒）和设备抛光打蜡。抛光打蜡液在工作压力作用下从独特喷嘴雾化喷涌到产品表面，根据旋转的马尾辫刷在果实表面匀称抛光打蜡，碾磨后通过干燥装置干燥。

（三）分级

枇杷的级别规范一般为 30 克以上的为特大果、25～30 克的为大果、20～25 克的为中果、20 克以下的为小果。为了防止枇杷果实受到损伤，采收容器应用纸箱、竹筐或塑料筐、箱等，并在里面垫上柔软的纸或布等。装箱包装时，一般是每 2.5 千克 1 小箱，约 20 千克 1 筐。采收时应将不同等级的果实分开放置，并剔除病果、虫果、裂果、畸形果等。经过分级，可将那些残次果及时销售或用于加工处理以减少浪费。

（四）包装与运输

强烈的振动会给果品表面造成机械损伤，加速乙烯合成，从而导致果实更快成熟；同时机械损伤部位微生物会快速繁殖，引起微生物的异常。温度太高，基础代谢率、呼吸率、水分蒸发率大幅度加速，促进果实更快成熟；温度太低，果实会发生冷害，减短其贮藏期。水运、空运优于铁路运输再优于公路运输，公路运输时的路面状况与车速会对果实品质产生较大的影响，装载量过少时会加剧振动，不合适的堆垛和固定措施的缺乏也会加剧振动，想要减轻运输途中振动导致的机械伤，需做好缓冲措施，比如缓冲包装等。运输时尽可能选择冷链系统，在冷藏、运输、销售一系列过程中全部保持在 1～5℃ 的低温。在运输途中要能通风、换气，并且环境温度的变化要小。若没法满足这个条件，也应尽量把温度控制在低温状态。

三、枇杷贮藏保鲜技术

（一）物理方法

1. 窖藏

贮藏前需要将地窖打扫干净并消毒处理，应把包装工具等一起放进窖中，采用全面喷洒 40％ 福尔马林溶液或者用 20 克/立方米硫黄粉燃烧熏蒸 24 小时进行消毒，待消毒结束方可开启地窖主门及进、出气孔一段时间，在窖内将枇杷果箱（篓）有规律地堆叠，每层之间留有缝隙，码 4～5 层。控制环境温度不高于 20℃，相对湿度为 85％～90％，在此条件下枇杷可储存 25 天左右。若需提高贮藏效果，可以将打孔的塑料袋套在包装箱（篓）外。

2. 沟藏

选取一个阴凉干燥且无鼠、虫及牲畜危害的方便管理的地方，挖一个深、宽各 1～1.5 米，长 10～15 米的沟，铺 6～7 厘米干净细湿沙（湿度以用手捏成团后松开就散最合适）于沟底，然后将装果的箱（篓）整齐放入沟内，将打有孔的塑料膜覆盖在沟上，最后沿沟搭凉棚。此法可在温度 20℃ 以下、相对湿度 80%～90% 条件下贮藏枇杷 25～30 天。

3. 低温冷藏

温度作为确定果子贮藏期和新鲜期的重要标准，对果实的机体、新陈代谢和微生物活动有很大的影响。结果显示，(0±0.5)℃ 下，各种代谢酶的活性被抑制，营养成分的降低速率减慢，果实各方面代谢活动均有所下降，成熟度也未见明显增长。而枇杷若长期存放在不适宜的低温下，果实冻害现象更为明显。将枇杷置于 1℃ 条件贮藏时，枇杷外果皮不容易脱落，但果实发硬，果心呈深褐色。枇杷对低温的耐受力因品种而不同，最适低温贮藏温度也不同。洛阳市青、早钟 6 号、解放钟的低温贮藏安全性温度分别在 5℃、7℃、9℃。枇杷果实在这个温度下能很好地维持品质，但 0℃ 的时候会出现冻害现象。而 0℃ 对白沙镇品种却是较好的贮藏温度。对于龙泉大五星枇杷，8℃ 则是比较适合贮藏的温度，在此温度下可贮藏 20 天。而在 4℃ 条件下贮藏时，随着贮藏期的延长，冷害现象越发明显，具体表现为果皮难剥、果肉木质化败坏。现阶段，低温贮藏和贮藏前的预处理是枇杷贮藏保鲜应用比较广泛的方法，目前商业上大多使用的比较成熟的贮藏技术是经过预冷处理的冷藏或气调贮藏。

4. 气调贮藏

枇杷采收后，用 0.1% 的多菌灵浸泡果实 4 分钟或用 0.1% 多菌灵加 0.02% 的 2，4-D 浸泡果实 4 分钟，然后在通风处放置 1～2 天，蒸发掉果实表面多余的水分，随后采用厚度为 0.02 毫米的聚乙烯薄膜包装袋先将枇杷包裹一层，再放入竹篓或竹筐，或者使用吸水性食品包装纸包装，然后再将枇杷装筐，在筐外套聚乙烯薄膜袋，扎紧袋口贮藏。

把冷藏和塑料袋或者塑料帐自发气调相结合，在冷藏温度为 5～9℃，相对湿度 85% 的条件下枇杷可以贮藏 3 个月。当采用塑料帐或硅窗气调技术时，最佳贮藏温度为 7.5～9.5℃。除此之外，用保鲜剂、薄膜包装结合减压抽气对枇杷果实进行综合处理后，枇杷的贮藏保鲜效果更好。

最适合对枇杷进行气调贮藏的温度为 4～6℃，相对湿度为 90%～95%；

充气气调包装的最佳条件为氧气 8%～12%、二氧化碳 4%～6%、氮气 82%～88%；用单个软性吸水纸进行包装是最好的包装方式。用单个软性吸水纸将枇杷果实包装好后置于氧气含量 8%，二氧化碳含量 26%，氮气含量 84% 的环境中贮藏，即使在 6℃低温环境下贮藏 60 天，枇杷果实仍具有良好的外观和内在品质。

5. 热激处理保鲜技术

热激处理结合低温贮藏是枇杷果实采后贮藏保鲜的有效措施之一。热激对于减轻果实冷害有帮助作用，这可能与多胺（PA）和热激蛋白等物质的增加有关。热激处理方式有热水处理和热空气处理两种。处理温度与处理时间呈负相关。通过热空气（38℃处理 36 小时和 48 小时）和热水（50℃处理 10 分钟和 20 分钟）四种热激组合对解放钟枇杷果实冷藏效果的影响研究发现，两种热空气处理均可延缓可溶性固形物和出汁率的降低，能抑制褐变和腐烂的发生。热空气处理的果实外在品质更好，热水处理结束后果实出现轻微的热伤害；但是热水和热空气处理对于保鲜并不起作用。同时，用 45℃的热空气处理 3 小时还可有效延缓解放钟枇杷果实水分的流失，增加超氧化物歧化酶（SOD）、过氧化氢酶（CAT）和抗坏血酸过氧化物酶（APX）活性，抑制 PAL 活性，减轻冷害木质化。冷藏前用 48～52℃的热水处理 10 分钟是较适合白肉类冠玉枇杷果实保鲜的热激参数，将在 2～5℃条件下贮藏的枇杷果实置于 48～52℃处理 10 分钟，然后在室温下经热激处理后，可以缓解由低温引起的呼吸速率异常升高，增强细胞膜抗冷性，推迟冷害发生的时间，冷害症状可以得到明显缓解，贮藏前进行适当的热处理能诱导提高果蔬活性氧清除酶的活性，降低活性氧的累积，抑制膜脂过氧化作用，维持膜的稳定性，从而减轻冷害在贮藏过程中对果实造成的伤害。

（二）化学方法

1. 钙处理

氯化钙喷施枇杷使果实中钙离子的含量提高，推迟呼吸高峰的出现，降低峰值，细胞膜透性和丙二醛（MDA）含量呈缓慢上升趋势，随钙浓度提高幅度下降且比对照组低；钙调蛋白含量先上升后下降，峰值随钙浓度增加而上升，对照组则一直呈下降趋势；超氧化物歧化酶、过氧化氢酶活性随贮藏时间延长逐渐上升后下降，钙浓度越高幅度越小；过氧化物酶、PAL 活性均呈上升趋势，PAL 活性随钙浓度越上升，效果越显著，过氧化物酶活性随钙浓度上升而幅度变小，钙浓度过高，果实会发生轻微的生理病害现象。

2. 气体熏蒸处理

二氧化硫可提高枇杷果实中超氧化物歧化酶（SOD）和过氧化氢酶（CAT）活性，抑制过氧化物酶（POD）活性的上升，减少过氧化氢的积累。二氧化硫处理后的果实，精胺（Spm）和亚精胺（Spd）含量与贮前水平相比基本没变，且极大抑制了腐胺（Put）的积累，枇杷贮藏 5 周后，果实仍未出现木质化败坏症状。

3. 臭氧处理

枇杷果实用 0.4 毫克/升臭氧处理 10 分钟后能显著地减缓水分流失，抑制可溶性固形物、总酸和维生素 C 含量下降，贮藏 20 天之后，枇杷果实的品质仍保持在较高水平。

4. 1-甲基环丙烯处理

1-甲基环丙烯处理可以使枇杷的营养物质在冷藏过程中维持不变，从而推迟枇杷褐变延缓衰老，低温贮藏环境下经 1-甲基环丙烯处理的枇杷果实能平衡 PME 和 PG 活性变化，抑制果实中原果胶的积累，水溶性果胶维持在较高水平，减轻木质化败坏现象。

5. 茉莉酸甲酯处理

茉莉酸甲酯（MeJA）是植物中的一种天然精油成分，作为调控多种果实抗逆性反应和次生代谢产物的合成的信号分子。外源性 MeJA 处理可极大限度地抑制杨梅、草莓等浆果类在采后贮藏期内腐烂的产生，诱发酚类或花色苷的生成，增强枇杷果肉的抗氧化活性。MeJA 蒸熏通过降低枇杷果肉的呼吸能力，阻碍乙烯的合成，较好地维持 TSS、总糖、TA 等营养成分的含量，与此同时，抑制水分挥发以及果实氧化褐变，延长枇杷贮藏期，保证了枇杷采后的商品化品质。此外，MeJA 还具有非常显著的浓度值效应，科学研究结果显示20 摩尔/升 MeJA 对保持枇杷果肉品质的作用更为明显。

（三）生物保鲜法

有研究人员用壳聚糖、蔗糖酯和柠檬酸配比成生物保鲜膜，主要针对产地枇杷进行了最佳配方、最佳温度、最佳装箱量的对比研究，形成技术较为成熟的枇杷保鲜工艺。研究结果表明，在 4～6℃条件下，枇杷贮藏期可达 37 天，坏果率仅为 5%，保鲜后枇杷的糖分、维生素 C 和总酸等和枇杷的原有品质相比基本不变。不同的处理方法对水果的贮藏效果有不同的作用，最近几年采用多种贮藏保鲜技术对水果进行复合处理的研究日益增多。如热处理可以通过有效抑制水果表面生物孢子的萌发从而减少采后病害发生，同时可以提高抗冷性减轻冷藏带来的病害。热处理和甜菜碱复合处理，可以有效减轻低温对枇杷果实造成的冷害，有效抑制枇杷果实变硬，其复合处理的效果比单独处理更好。

四、枇杷加工

(一) 枇杷饮料

枇杷果肉饮料作为现阶段大力推广的果肉饮料之一，既有着枇杷的营养价值和优良外观，还保留着新鲜果肉的口感和品质。

1. 工艺流程

原材料→洗涤→压榨果汁→筛网过滤→加热→调配→装灌→排气→密封→灭菌→冷却→包装→成品

2. 具体方法

（1）原料筛选。选用成熟新鲜的枇杷或者加工糖水枇杷后的比较新鲜卫生的碎果肉。

（2）清洗。先用自来水清洗枇杷表面的灰尘和杂质，随后放入含0.5%的高锰酸钾水溶液中完全浸没，浸泡1分钟，进行杀菌消毒。捞出后继续用自来水冲洗后，用小刀除去不适宜生产加工的一部分，如枇杷核和梗以及部分霉烂的果肉等。

（3）榨汁。用含筛板（孔径1.5～2.5毫米）的榨汁机榨汁，筛板内的滤渣再次通过螺旋榨汁机进行榨汁，尽可能多地保留汁液。

（4）加热。在果汁中添加约0.02%～0.04%的维生素C，并立即热处理，防止汁液被空气氧化变色，降低枇杷果汁中氧化酶的活性。热处理常采用蒸汽加热，使汁液的中心温度维持在85～90℃，保持15秒。

（5）过滤。热处理后的汁液趁热用多层纱布或高速离心分离器过滤，去除较粗的果粒和粗纤维，再换棉布过滤，进一步去除粗纤维和碎果肉。

（6）调配。过滤后，根据果汁的规格和感官需要，向滤液中添加白砂糖、水和柠檬水，搅拌均匀，即得到纯天然的枇杷饮料。

（7）装灌、排气、密封。将上述饮料装入清洗干净的玻璃瓶中，热蒸汽排气后立即密封，检查果汁中心的温度至90℃，并保持1～2分钟，然后快速冷却到室温，密封。

（8）灭菌和冷却。将密封好的枇杷饮料水蒸气灭菌 15 分钟后快速降至室温，即成品。

为了在整个生产过程中避免果汁褐变，应尽量减少果汁与空气的接触，防止枇杷汁与金属复合材料的直接接触。

（二）枇杷酒

枇杷酒是把枇杷处理后，经酵母菌发酵制成的低度饮料酒，研究表明，常喝枇杷酒可以防癌、润肺止咳、保护视力，是不可多得的一种保健酒。

1. 工艺流程

新鲜枇杷→原料选择→清洗→去梗→去皮、去核→打浆→二氧化硫处理→酶解→调配→接种→主发酵→过滤→补加二氧化硫→陈酿→下胶、澄清→调配→灌装→成品

2. 操作步骤

（1）原料的挑选。一般挑选完全成熟的果实作为制酒的原料。完全成熟的枇杷果汁含量高、出酒率高，可滴定酸、挥发性酸以及单宁含量低，果汁味道鲜美、芳香可口。若枇杷成熟度较低，果汁中可溶性固形物含量也会比较低，不能满足发酵要求。若枇杷过分成熟，枇杷的果肉和外果皮非常容易感染细菌，进而给枇杷酒的制作带来困难。

（2）清洗。用自来水清洗，除去黏附在新鲜枇杷上的污渍、残余化肥农药以及虫卵、细菌等。因为枇杷果子绵软汁多，在清洗过程中需注意尽可能降低其破损率。

（3）去梗、去皮、去核。将枇杷的梗和皮去除，为保证枇杷酒的口味，应去除带有苦涩味的枇杷核，避免打浆时随着果肉一起打碎进入果汁中。

（4）加入二氧化硫和果胶酶。为避免枇杷中的杂菌生长繁殖，应立刻在果汁中添加适量的二氧化硫。二氧化硫不宜过多，否则会抑制酵母菌的活力，增加主发酵时长。同时，二氧化硫也不宜过少，否则无法达到抑菌的目的。二氧化硫的加入量应依据原料类型、环境杂菌污染水平和发酵环境温度来确定。枇杷果汁中含有约 6～11 克/千克的果胶，加入二氧化硫处理 6～12 小时后，加入果胶酶。果胶酶能够降解枇杷中的果胶物质，将其转化为半乳糖醛酸和果胶酸，使果汁里的固体颗粒沉淀下来，进而达到澄清的目的，提高出汁率。

（5）调配。新鲜的枇杷含 12.8％的糖，不足以满足酵母菌的发酵。因此，

可以加入适量的白糖,增加出酒率。白砂糖可以先用枇杷汁溶解后再添加至发酵液中,搅拌均匀。为了能控制酵母菌的发酵温度,便于酵母发酵尽快开始,一般发酵前加 60％ 的糖比较适合,当甜度降至波美度 80° 上下时再加 40％ 的白糖。

(6)接种。通过微生物实验,把从枇杷自然发酵中分离驯化出来的酿酒酵母扩大培养,随后将得到酵母菌,接种到上述果汁中,接种量为 6％。

(7)前发酵。选用密闭式发酵。发酵过程中,发酵罐中装入的果汁为容积的 2/3 最合适。此外,在生产过程中需要控制枇杷发酵液的环境温度,早晚检查各 1 次,每日压盖 1 次。

(8)过滤。当酒盖下移,液位宁静,有显著的香醇味,无异味或怪味时,可以认为前发酵完毕。密封,静置发酵罐,待枇杷酒分层后,放出上清,过滤,去除酒渣。合并滤液和上清液,并马上添加二氧化硫,密封。

(9)陈酿。前发酵结束后的新酒,口感和色泽不佳,不宜饮用。因此,必须继续在贮酒罐陈酿一段时间,才可以进一步提高枇杷酒的质量。经过陈酿后,枇杷酒内会发生复杂的化学反应以及各种物质的汇聚、沉积,可以使得芳芳化学物质得到提升,降低了蛋白质、单宁酸、果胶等影响枇杷酒口感的风味物质,使陈酿后的酒体清澈透明,口感纯正。

(10)下胶澄清。若陈酿后的酒仍然透明度不高,可以加入少量的蛋清、硅藻土、壳聚糖等澄清剂澄清或者运用冷热处理澄清、自然澄清、膜分离技术澄清等方法来进一步提高枇杷酒的澄清度。

(11)调配。根据枇杷酒的商品要求,对酒度、糖度和酸度进行调配,增加枇杷酒的香味,使枇杷酒的口感更佳味道清爽纯正。

(12)装瓶、杀菌、成品:枇杷酒装瓶后,静置于 70℃ 的热水中杀菌 20 分钟,立即取出冷却即可。

(三)枇杷果脯

1. 工艺流程

原料→清洗→去皮、切分、去核→护色→烫漂→硬化→渗胶→真空渗糖→烘干→冷却→包装→成品

2. 操作方法

(1)原料挑选。选择新鲜个大、果皮色泽橙黄,八九分成熟无霉烂和机械损伤的枇杷,根据枇杷大小分类,一般大果制作优质果脯,小果制作的果脯价

格较低。

（2）清洗。用流水清洗枇杷表皮的污垢及农药残留，筛选出果肉不全、变色的差果。

（3）去皮、切分、去核。撕去果皮，将枇杷对半切开，并去除果核、花萼和果肉内附囊衣。

（4）护色。将处理好的枇杷块立即浸没在由0.2％柠檬酸和0.3％亚硫酸氢钠组成的护色液中，浸泡1小时。

（5）烫漂。从护色液中捞出枇杷块，沥干水分后立即放入开水中漂烫3～5分钟，捞出后立即用流动冷水冷却。

（6）硬化。将冷却至室温的枇杷块放入0.5％氯化钙＋0.5％氯化钠混合溶液中硬化处理12～15小时。

（7）漂洗。用流动自来水漂洗枇杷块至少15分钟，清洗枇杷块上附着的硬化液。

（8）渗胶。枇杷块沥干水分后，放入真空渗糖机中，添加由0.3％的海藻酸钠和10％的变性淀粉组成的混合溶液，设置真空渗糖机的压力为0.8兆帕、温度50℃，持续渗胶2小时。

（9）渗糖：将40％白砂糖与木薯淀粉糖浆混合，用真空渗糖机抽气后，再将混合液喷洒至枇杷块上，在0.08兆帕、70℃下渗糖1小时，直至枇杷块渗糖后形态圆润、有透明色，继续糖渍2～3小时。

（10）烘干。捞出枇杷块、沥干糖液，平铺在烤盘中，放入烤炉，控制温度，通过变温干燥工艺将枇杷块烘干。一般要求开始温度为50～55℃，烘烤2小时，随后加温到60～65℃下烘烤4～5小时，最后温度降低到50℃下烘烤2～3小时，当枇杷块表面不黏手并略微有弹力即可出炉，得到优质的枇杷果脯。在烘烤的整个过程中要间断性翻动果块，使其受热均匀，避免焦化，影响销售。

（11）包装。枇杷果脯出炉后冷却至室温后，可以根据果脯色泽、大小分级，剔除不合格产品，随后用食品密封袋进行真空包装。

（四）枇杷果冻

随着时代的发展，人们对生活品质的要求不断提升，对各种各样休闲零食的营养成分和健康标准拥有更高的要求。天然健康就逐渐成了消费者对果冻的基本要求。枇杷果冻一般可分为两种，一种是果汁型枇杷果冻，另一种是果汁果肉型枇杷果冻。

1. 工艺流程

（1）果汁型枇杷果冻

枇杷果→预处理→榨汁→辅料干混→溶解→混合、调配→煮沸→灌装→封口→杀菌→冷却→检验→包装→成品

（2）果汁果肉型枇杷果冻

枇杷果→烫漂去皮→切粒→灭酶、护色→混合→封口→杀菌→冷却→检验→包装→成品

2. 操作方法

（1）原材料预处理。挑选无霉烂、无病害及机械损伤的新鲜枇杷，清洗后置于80℃的温水中热处理15～25秒，捞出去皮、去核后，立即浸泡在保色液中，10分钟后捞出果肉的2/3，榨汁，纱布过滤除去滤渣后备用，其余果肉切成果粒（1.5厘米×1.5厘米×0.5厘米），备用。

（2）熬糖煮胶。称取一定比例的白砂糖和鱼胶粉，搅拌均匀，用凉水泡浸5分钟后，在80℃水中完全溶解，随后用4层纱布过滤，除去胶液里的泡沫和残渣。

（3）调配。制作枇杷果汁型果冻时，应将枇杷汁添加至烧开的胶液中，拌匀。随后，再添加已溶解稀释的柠檬酸液，防止在胶液中加上柠檬酸时部分酸值太大。制作枇杷果肉型果冻时，先按照果汁型果冻调配好后，再迅速添加枇杷果肉。

（4）灌装加盖。在装灌前，先将果冻杯用沸水杀菌，再装入80～85℃的果冻液，并立即加盖密封。

（5）杀菌冷却。将密封好的果冻在85℃热水中杀菌10分钟，随后放入冷气中立即冷却至室温。

（五）枇杷果酱

果酱作为人们喜欢的水果商品之一，可用于生产各种各样的食品。传统式果酱制作主要利用的是枇杷果肉中的高甲氧基果胶的凝胶特性。枇杷果肉中60％～65％的高糖含量、pH2～3的高酸环境和高甲氧基果胶同时存在的条件下，便可形成稳定的凝胶物质。低糖果酱凝胶的状态不依赖于高甲氧基果胶，因此，低糖果酱生产中合理选择增稠剂是最主要的果酱加工工艺关键点。一般含糖量越低，果酱凝胶保水能力越低，果酱则非常容易沉积析出水分，进而影

响果酱外形。

1. 工艺流程

枇杷→清洗→热烫→去皮、去核→护色→打浆浓缩→装灌密封→杀菌→成品

2. 操作方法

（1）清洗、烫漂。用流水清洗枇杷表层的污渍，立即放入锅内热水烫漂5分钟，当果肉变得透明即可捞出。

（2）去皮、去核、护色、榨汁。枇杷去皮、去核后，将枇杷果肉切成小块。立即浸没在含0.2%维生素C的水溶液中护色，随后取出榨汁。

（3）浓缩。将枇杷汁倒进锅中，烧开，分次添加白砂糖，当可溶性固形物含量达到65%时，添加柠檬酸将果酱pH调至2.5～3，继续加热，直至果酱温度达103℃，即可出锅。

（4）装灌、封口。果酱出锅后应趁热装入清洗消毒后的玻璃罐中，应保证果酱温度大于85℃，加盖封口。

（5）杀菌、制冷。将封口的玻璃罐立即置于开水中杀菌5～15分钟，随后取出用不同温度的水分段冷却至38～40℃，即得成品枇杷果酱。

（六）枇杷罐头

水果罐头是中国水果加工的主打产品和主要的传统式出口商品，也是我国在国际性蔬菜水果制品销售市场上最具市场竞争力的商品。

1. 工艺流程

原料挑选→去柄→热烫→冷却→去皮、去核→护色→分选→装灌→排气→封盖→杀菌→冷却→擦罐、入库、验收、贴标签

2. 操作方法

（1）原料挑选、清洗、去柄。挑选果肉质地密切、肉厚、甜酸可口、果大核小、形态完整的枇杷，剔除有机械损失和病虫害的劣质枇杷。流水冲洗枇杷表皮，并去除枇杷果柄，应注意枇杷表皮的破损。

（2）热烫、冷却。按照枇杷果形大小以及成熟情况确定热烫时间，一般选择85～90℃持续5～15秒，直至果皮容易剥离即可取出，立即冷却。

（3）去皮、去核。用直径为13～15毫米的打孔器在枇杷顶部开一个小孔，然后用6～9毫米的打孔器，将果核从顶端挤出，同时剥离果皮。尽可能避免果肉的损伤。

（4）护色。处理好的枇杷果肉需立刻浸没在1％食盐水中，护色结束用流水清洗，洗去枇杷果肉表面的食盐水。

（5）分选。挑选淡黄色果肉、形状完整、核孔整齐，没有比较严重机械损伤的果肉，根据果肉色泽、尺寸的不同将相同或相似枇杷果肉分装在同一个罐里，尽可能使果肉的尺寸和色泽比较均匀。

（6）装灌、排气、封盖。称取等量的枇杷果肉，装入清洗消毒的玻璃罐中，添加浓度值为24％～28％的热糖水。随后立即置于排气箱（100℃）排气，直至枇杷罐头的中心温度大于70℃，便可取出加盖密封。

（7）冷却、杀菌。将封盖后的枇杷罐头置于开水中煮沸15分钟，采用分段式冷却。

（8）擦罐、入库、验收、贴标签。擦除罐头表面的水分，常温库中放置5天，抽样敲罐检验，合格后则可以贴标签出库。

（七）枇杷果醋

果醋产品的特殊口感和香味成分取决于其发酵过程中大分子的水解及氧化作用而形成的氨基酸小分子以及多种芳香类物质。经过发酵加工制得的果醋不仅营养丰富还兼具了食醋的食疗保健功效。

1. 工艺流程

原料筛选→清洗→护色→破碎、榨汁→粗果汁→酶解→灭酶→成分调整→杀菌→接种→酒精发酵→加醋酸菌→醋酸发酵→过滤→灭菌→陈酿→成品

2. 操作方法

（1）原料预处理。挑选熟的枇杷为原料，剔除已腐烂或者有病虫害的枇杷，用流水冲洗后剥离枇杷果皮，剔除核仁。

（2）护色。将预处理后的枇杷立即放入含35毫克/千克（以枇杷果肉重量计）的硫酸氢钠水溶液中。

（3）榨汁。将枇杷从护色液中捞出后，控干水分，置于榨汁机中榨汁。

（4）酶解。在枇杷果浆中加入适量的柠檬酸钠调节pH至3.5，随后在其中添加0.05％的果胶酶，放置于50℃恒温水浴中酶反应15小时。

（5）灭酶：将酶解后的枇杷果浆以及后续过滤需要用到的纱布置于95℃的热水中灭酶消毒5分钟。

（6）成分调整：一般枇杷果醋要求酸度为5％～6％，故需要添加10％～12％的糖才能满足发酵条件，因此一般要添加适量的白砂糖才可以使枇杷果醋

的酸度含量满足质量要求。

（7）杀菌。为保证枇杷果醋的成功发酵，需要将其置于95℃灭菌30～60秒，并添加0.05％异抗坏血酸钠。

（8）接种、酒精发酵。将枇杷果浆转移入发酵罐中，按照80毫克/升的量添加二氧化硫，搅拌均匀后，接种已用少量38～40℃的果汁溶解并活化后的高活性酵母菌，将发酵罐温度控制在26℃。

（9）醋酸菌接种、醋酸发酵。当发酵罐中乙醇含量上升至5.0％（v/v）左右时，接入事先已经完成三级扩大培养的醋酸菌，接种量为0.08％（v/v），将发酵温度升高至为30～35℃，与此同时每天不断搅拌或通入空气、观察发酵温度及其乙醇、乙酸的含量值，大约4天左右，当发酵罐中乙酸的含量上升至5.0～6.0克/100毫升并不再继续上升时，便可停止发酵。

（10）陈酿。发酵结束的果醋含较多的杂质，需用已高温消毒的多层纱布进行过滤，并将滤液（果醋）存储在密闭容器中。枇杷果醋进行陈酿可以使得分子间相互聚集，有机酸类和醇类形成具有芳香味的酯类物质，使枇杷果醋口味醇正。在此期间还可以通过一些化学反应形成部分沉淀，通过过滤后去除，有利于果醋在保质期内产品质量的稳定。

（八）枇杷烘焙食品

虽然烘焙食品一般都属于高油、高糖、高热量食物，不益于人体健康。但枇杷却具有润肺止咳、止吐、养胃等功效以及多种保健功能。因而，将枇杷加入烘焙食品中，加工成的各式各样的枇杷烘焙食品深受顾客欢迎。有关枇杷的烘焙产品主要有枇杷面包、枇杷曲奇饼干、枇杷戚风蛋糕等。

枇杷面包

1. 工艺流程

称料→调制面团→松弛→分团→装盘→醒发→烘烤→冷却→包装→成品。

2. 操作方法

（1）面团调制。按照配比先将除枇杷、鸡蛋、黄油之外的原材料倒进搅拌罐里，低档位搅拌2分钟，使原料混匀，随后添加枇杷和鸡蛋，继续低档位搅拌3分钟，再添加黄油，低档位搅拌乳化后，再高档位快速搅拌至面筋充分展开。全过程尽可能将温度控制在28～30℃，面团温度太高或太低都会影响面包的发酵。

（2）松弛。将面团放置于工作台上，静置10分钟，待面团完全松弛。

（3）分团、装盘。根据产品需要将面团切割成相应大小，搓圆后放入烤盘中。

（4）醒发、烘烤。装盘后的面团放入醒发箱中，设置醒发温度37℃，湿度78％，醒发28分钟。随后取出，室温下静置一段时间，待面团表面的水蒸汽完全挥发后，放入烤箱（上火200℃，下火150℃），烘烤12分钟，即可出炉冷却。

枇杷饼干

1. 工艺流程

称料→面团调制→整形→冷冻→切片→装盘→烘烤

2. 操作方法

（1）面团调制。预先将黄油和细砂糖倒进搅拌罐中，用低档位搅拌2分钟。随后，添加枇杷果汁，用中档位搅拌均匀。添加过筛后的低筋面粉，低档位搅拌成团即可取出面团。

（2）整形。用刀将面团切成长条，用保鲜膜包裹，揉成直径为4厘米的长条形。

（3）冷冻。将长条形的面团在低温冷冻冰箱中放置1小时。

（4）切分、摆盘。将冷冻面团切割成0.4厘米厚的片状，放进烤盘中。

（5）烘烤、制冷。将烤盘摆放在烤箱中，设置烤箱上火、下火分别为170℃、180℃，烘烤25分钟后，取出，摆放在架子上冷却。

枇杷海绵蛋糕

1. 工艺流程

称料→糖蛋搅拌→加入蛋糕油→加入低筋粉→加枇杷果茸→加入液态酥油→装模→烘烤→冷却

2. 操作方法

（1）备料。将面糊与生鸡蛋、糖混合搅拌1分钟，添加小麦面粉搅拌2分钟，快速搅拌5分钟。假如生鸡蛋刚从冰箱里取出来，使用时最好在室温下储存0.5小时。面团体积扩大至2倍大时，添加枇杷汁，低位搅拌1分钟，添加液体酥油，再低位搅拌1分钟。

（2）成形。将面糊倒入干净的裱花袋中，根据实际需要挤入不同形状的耐热纸杯或烘烤模具中，一般不宜装得过满，否则易导致烘烤时面糊膨胀外溢。

（3）烘烤、冷却。设置烤箱上火温度为170℃，下火为200℃，烤制15分钟，即可出炉，室温冷却。

（九）枇杷干

通过对枇杷深加工，制成果干不仅可以很好地保持枇杷的原味，延长枇杷的保质期，而且加工过程采用无添加剂将枇杷果肉与柠檬浆混合，充分渗透，能最大限度地保持枇杷的营养和风味。

1. 工艺流程

原料挑选→清洗→分级→去皮、脱核→护色→漂烫→烘干→回软→贮存→检验→包装→成品

2. 操作方法

（1）原料筛选。选择新鲜的果肉质地鲜嫩、色泽鲜黄、无病害、无机械损伤、成熟情况相同的枇杷。

（2）清洗、分级。用自来水清洗枇杷表皮，去除表皮的尘土和杂质，随后根据枇杷外形的大小，将其分为大小果，其中大果重 45～55 克，小果重 35～45 克。

（3）去皮，脱核。撕去枇杷的表皮后，将其对半切开，除掉核和内表皮。

（4）护色。将处理好的枇杷块立即放入已配置好的护色液中，完全浸泡 3 小时。一般护色液由 1∶4 的柠檬汁水溶液组成，含糖量 30%。

（5）烫漂。将枇杷块从护色液中捞出后，沥干水分，采用热蒸汽烫漂 2 分钟。

（6）烘干。取出后，平铺于 60℃恒温烘箱中干燥 8 小时。

（7）回软。干燥后的枇杷干取出密封包装好后，放置于干燥箱中平衡水分。

（8）储存、检验、包装。在 25～30℃环境中储放 5～7 天，逐一查验是否合格，合格产品用专用食品包装袋真空氮气密封包装，即可入库或销售。

第三节　苹　果

一、概况

苹果［*Malussieversii*（Led.）在我国水果种植中具有重要地位，占所有果品产量的30％左右，同时也是我国竞争力较强的出口农产品之一，近年来我国苹果出口量也在增长，苹果加工能力较强，苹果深加工产业也得到了大力发展。从我国苹果生产实际来讲，苹果生产地主要集中在山东省、河北省、辽宁省、陕西省、甘肃省和青海省等产区，种植技术在不断提升，产量也在增加。近年来，我国苹果单产不断提升，果园总种植面积、总产量也保持稳步上升，净利润在达到一定的峰值后有所下降，后来又缓慢增加。主要是因为果园单位面积内的投入加多，促使单产得到增加，整体上提升了苹果总产量和产品质量。整体来讲，我国苹果单产的不断增加，也体现出科技在水果生产中发挥的重要作用，苹果产业发展也带动了人们收入的增加，消费水平的提升。在经过了40多年的艰苦奋斗之后，我国的苹果产业终于取得了举世瞩目的成就，其中苹果种植的总面积达到了250多万公顷，约占世界苹果种植总面积的50％以上；且苹果的年产量高达4 200多万吨，约占世界苹果年产量的50％以上；苹果年消费量达3 000多万吨，占世界苹果消费量第一位；我国的苹果分级包装流水线约有800余条，其年加工能力达950多万吨；我国苹果储存量为1 100万吨，其中气调贮藏量约为420万吨。

四川省域内面积辽阔，生态、气候类型多样，目前也是我国南方苹果生产的最佳适宜区和第一大省，具有发展苹果产业的优势和潜力。近年来随着四川省农业产业结构的不断调整和深化，苹果产业已成为经济发展的支柱性产业之一及经济增长的又一大优势和亮点，出现了盐源、小金等为代表的以苹果为主产业的农业大县。四川省苹果品种经历了较大范围的引进、适宜性筛选、田间鉴定等过程。从最早引进的金冠、元帅、红星等主要品种，逐步过渡到以金冠、富士系、元帅系为主的早、中、晚熟配套品种。其中，与茂县、黑水相邻的坐落在阿坝藏族羌族自治州东南部的四川理县，其良好的地理和气候条件使该地非常适宜种植红富士苹果，所以这里同时也是四川省的主要苹果产区。至今，该县种植了约 20 个中、晚熟红富士苹果品种，还建设有 2～3 级母本园和多个生产示范园。在理县种植红富士苹果因为其较好的生态适应性，所产的苹果具有多个优点，比如果大、品质好、质量高等。

二、苹果采后商品化处理

四川省的苹果采后处理及设施都相对比较落后，并且没有现代化的洗果、涂蜡、分级等一些采后商品化处理的设备，加上运输只是采用的常规运输方式，没有形成冷链运输系统，分级、包装方式简陋，很难保持苹果采后鲜食品质和加工品的质量。苹果贮藏方式一般是农民将苹果置于半地下贮藏，且贮藏能力和质量非常有限，形成"旺产贱卖，淡缺旺销"的市场供求格局。虽然四川省的盐源苹果、茂汶苹果品牌具有一定的影响力，但因该地区苹果存在"有质无量或有量无质"的现象，供应量少、供应期短，在当前市场竞争环境下两大品牌尚不如北方苹果的知名度高。

（一）采收

苹果的采收应该在果实的抽检结果符合成熟度标准之后再进行采收。采收应避免在高温或潮湿的环境下进行，例如雨天、雨后、酷暑以及有露水的天气。早、中熟品种的苹果应在 7～10 天内完成采收，而晚熟品种宜在 15 天内完成采收。为尽量避免采收时苹果出现损伤，采收人员最好不要保留锋利的指甲或佩戴手套，采果袋的大小、材质等也应适合苹果采收。采收过程中，应避免暴力采摘，轻拿轻放，避免造成苹果的机械损伤，影响果实的贮存及销售。采收苹果通常采用上托果梗的方法，轻轻转动或向上托起果梗，便可比较容易地摘下果实。贮藏期较长的苹果应根据成熟度分 2～3 批完成采收。第 1 批先从外围进行采收，选择成色较好的果实，采后 5 天左右，进行第 2 批苹果的采收，同样选择成色好的苹果；当第 2 批采后 3～5 天，进行第 3 批的采收，将所有苹果采完。对长期贮存的苹果进行分批采收，有利于维持贮藏期间的果实品质。采摘苹果需注意以下几点：①果实的存放应轻柔，以免造成损伤；将好果与坏果分开。②采收的顺序是由下而上，由外至内。③果皮薄、易损伤的品种，采后应适当剪除果梗，使果梗低于果肩，以免刺伤。④用于存放苹果的果箱应具有足够的机械强度以及一定的透气性，箱内应整洁无异味。进行装箱时，将果梗朝下排列放置。⑤当天采收的果实应避免太阳直射，放置在阴凉干燥的地方。

（二）清洗

清洗的目的是清除苹果表面的灰尘及杂质，以降低病菌及农药残留，让其变得卫生、干净，达到食品和商品要求的基本卫生水平。当前苹果的清洁方式主要包括浸泡式、冲洗式、喷淋式等，国外苹果清洗消毒大多使用二氧化氯、次氯酸钠，或者使用经臭氧发生器产生的臭氧溶于水中而形成的臭氧水等。

（三）分级

苹果的分级方法大致是看大小、重量，或者按色泽和重量双重分级，或者依据色泽、重量、缺陷等智能化分级。按照大小进行分级是最早的方法，已经渐渐被淘汰。目前国内使用最广泛的方法是按照重量进行分级，重量分级机一般是用电脑控制的，分级基准一般根据市场和采购方的需要。

（四）包装与运输

对苹果进行适宜的包装，更能展现其商品性，也有利于避免苹果在贮存、销售过程中出现损伤。长期存放时，苹果堆放高度应≤1米，包装的纸箱高度＜2米，这样可避免下层苹果被压伤。根据包装形式，苹果的包装可分为田间包装、运输包装、贮藏包装、销售包装和内包装5种形式。田间包装相对简单，将采下的果实运往贮藏库时，只需将其装入木筐、木箱或周转箱，然后进行运输；将鲜果运往市场销售时，则需采用较为柔软的材料作为内包装容器。运输包装通常在将采收果实运往市场或者贮藏库时使用，要求包装材质机械强度较高，能够抵抗较大的颠簸。

现代商品的运输包装多以各种集装箱为主，但目前国内苹果大多以贮藏包装为运输包装，苹果的贮藏包装要求材质抗压能力强、易于运输、堆放，耐湿耐潮，不易变形，透气性好，形状有利于仓库的容积利用；国内市场的运输包装多以条筐、木箱以及纸箱为主。销售包装指果品上市销售的包装，具有一定的设计和装饰，一般由保护性结构和装饰两部分组成，保护性结构能够起到保护果品和便于携带的作用，使果实在销售和携带过程中减少损伤，装饰部分则是通过色彩搭配、包装和商标设计，起到吸引顾客的作用。同时，包装既要起到一定的保护和美观作用，也要避免过度包装带来的资源浪费。内包装主要用于单个果品包装，目的是避免果品散放时有可能带来的挤压损伤，包装形式常用纸包装、托盘装或隔板包装、分果定位包装。

用于直接销售的苹果一般可直接用打透气孔的纸箱包装，而不用太在意包装的精美度；而需要保鲜的苹果必须采用网格塑料筐或竹篾筐包装，不宜采用泡沫箱、木箱和纸箱包装，以免降低苹果的品质。包装时应尽量避免对果皮的损伤，为防止污染，包装时应戴上手套。装箱时动作要轻柔，以免伤果，装箱时不能装太满，要避免挤压。

三、苹果贮藏保鲜技术

苹果的贮藏方法主要有三种：常温贮藏、低温贮藏、气调贮藏。现阶段，我国苹果总库容约占总产值的 25%。贮藏方法层面，机械设备冷藏约占 45%，气调方式贮藏约占 5%。常温贮藏以其低成本、方便使用而受到种植户的热捧，但贮藏期短、质量差是常温贮藏的缺陷。国内每一年因贮藏保鲜技术落伍所造成的苹果浪费超出产量的 30%。为了能提高经济效益，降低资源的浪费，开发和推广苹果贮藏技术非常重要。

（一）机械冷藏

机械设备制冷是指在保温效果好一点的库房内，运用机械设备冷凝系统软件，减少仓储内温度，使其维持在适合水果长期贮藏的范围之内。超低温明显减慢呼吸速率和苹果变熟、变老的全过程，明显降低营养元素和功能成分溶解，增加苹果贮藏后寿命。但仓内温度长期低温也会引起冻害和冷害，造成水果生理学混乱，降低水果质量，反倒减少水果的贮藏使用寿命。现阶段，一部分冷库为了能监测和记录温度转变，装上电脑系统，根据温度检测自动控制系统冷冻机组的开启和暂停，维持冷库存储苹果的适合温度。冷藏温度和相对湿度是决定苹果贮藏品质的两个关键参数。0～2℃是大部分苹果品种最好的贮藏温度。0℃之下贮藏效果更好，但是不能长期处于－2℃以下。如果超过 5℃，贮藏实际效果会下降。相对湿度一般要求 80%～95%。种类之间也有差异，富士、黄元帅、国光等迟熟种类适合贮藏温度为－1～0℃，相对湿度为90%～95%。嘎啦、乔纳金、布瑞本等中熟种类适合温度为 0～1℃。此外，对低温比较敏感种类——蜜脆在 3℃条件下贮藏时不但能维持果子颜色，延缓呼吸作用和丁二烯高峰，还可以延缓货架期品质的降低，表现出了较好的贮藏实际效果。王春生等人调查发现，富士苹果在（0±0.5）℃条件下贮藏 6 个月后，硬度降到 6.0 千克/平方厘米左右，果实口感变软烂，酸度、甜度有了明显下降，另外苹果香气减少，风味变差，时间更长便会出现果肉褐变，从而失去经济价值。

（二）气调贮藏

1. 传统气调贮藏

与冷库贮藏相比，气调贮藏显著延长了苹果的贮藏使用寿命。富士苹果0℃冷藏6个月后硬度降到6.0千克/平方厘米上下，气调贮藏8个月后硬度维持在6.0千克/平方厘米之上。2%～5%的氧含量和3%～5%的二氧化碳含量适合大部分苹果种类。不同品种的苹果对气体的敏感度不一样，元帅苹果在氧气浓度值小于2%时，容易造成低氧气损害，开始酒精发酵。与元帅苹果对气调贮藏的反应相比，富士苹果对环境中的二氧化碳更敏感。贮藏环境中二氧化碳超出4%时，贮藏2～3个月后，果体也会受到二氧化碳的毁坏。王春生等人研究发现，富士苹果长期性贮藏的理想气体指标值为2%二氧化碳，5%氧气。在苹果气调贮藏环节中，要经常查验贮藏环境中氧气和二氧化碳浓度的改变，及时进行调整，避免二氧化碳伤害和氧气损害。

2. 自发气调（MA）贮藏

自发气调（MA）贮藏主要是利用果肉本身的呼吸作用，通过调节贮藏环境中气体成分的浓度，改变果实的生理代谢活动，延长果实贮藏期。目前大型企业多用气调贮藏，使用的气调库成本高，而MA贮藏有着成本低廉、使用方便、保鲜效果佳等优点。使用MA贮藏方式保存苹果时，首先，需要根据苹果的品种确定环境中气体的成分和含量，选择适宜的薄膜，避免因某种气体成分过度导致无氧呼吸或产生气体损害。其次，选择适宜的气调包装薄膜时，需考虑环境温度、薄膜类型以及薄膜微孔数量等影响膜选择性通透的影响因素。目前我国符合标准的可应用于苹果保鲜的保鲜薄膜主要是聚乙烯（PVC）和高压聚乙烯（PE）材质，近年来，多功能性保鲜膜的研发也进一步延长了果实的货架期。此外，随着1-甲基环丙烯、丁二烯吸收剂（EA）、二氧化碳吸收剂等保鲜剂的兴起，MA贮藏已从单一充气包装贮藏发展到复合型贮藏，获得了良好的效果。如1-甲基环丙烯与EA、MAP合用，可以使红星苹果在冷藏和销售货架期内保持较佳的品质，并可明显抑制苹果虎皮病的发生。

3. 超低氧贮藏

超低氧存储（ULO）一般要求氧含量不高于1%的气体密闭环境。苹果表面多数微生物为需氧型，因此在超低氧条件下，大多数微生物都会因缺氧而无法生存，进而可以延缓苹果的腐败，减少苹果腐败量。将澳洲青苹果置于低氧环境下（0.7%），或初期用超低氧（0.4%）处理后置于1.0%的氧气环境中贮藏，4～6月后仍能较好地抑制虎皮病的发生。此外，将苹果分别置于0.25%氧气和0.5%氧气环境下，2周后再置于CA（3%氧气，0%二氧化碳）的环境下，苹果的虎皮病同样得到较好的抑制效果。其中，0.25%氧气处理2周，2个月后再低氧处理2周，效果更佳。而低氧处理后再置于1.5%氧气环境下保存，能够达到完全抑制虎皮病的目的。研究发现，低氧处理主要是抑制α-法尼烯及其氧化产物6-甲基-5-庚烯-2-酮（MHO）的产生，而MHO量的多少与苹果出现虎皮病的概率直接相关。

（三）涂膜保鲜法

涂膜保鲜主要是采用包裹、浸渍、涂布等方式在果实表皮或者内部异质界面上形成一层有选择性的膜，进而阻断果肉和外界环境的接触，降低湿度，抑制内容物的流失以及空气中杂菌的污染。该方法可以延缓果肉呼吸，抑制果实在贮藏期间的后熟和衰老，降低果皮表面微生物的生长繁殖能力，最终达到苹果保鲜、延长货架期的目的。目前，商业上允许的可应用于苹果涂膜保鲜的食品材料有糖类、蛋白质类、多糖类蔗糖脂、聚乙烯醇、单甘酯，以及多糖、蛋白质和脂类组成的复合膜。

四、苹果加工

（一）苹果复合果汁饮料

复合型苹果汁生产加工，指的是将苹果等新鲜水果混合加工制成果汁，使产品附加值更高，口感也会更丰富。例如枸杞—苹果复合汁，不仅能风味互补，酸甜适中，口感更清新。苹果—红茶复合汁既具备茶的特有香味，又兼具新鲜水果的香气，口感有保证，营养成分更丰富。将菠萝汁与苹果汁按配方调配后制成苹果—菠萝水果汁，具备浓厚的混合果香，香气扑鼻，口感爽滑温和。

1. 工艺流程

原料预处理→软化→榨汁→过滤→调配→脱气→均质→密封→杀菌→冷却→成品

2. 操作方法

（1）原料预处理。选择成熟的苹果和香蕉，剔除霉烂、有病虫害以及机械损伤的原料。流水冲洗，去除果皮表面的杂质后，去皮，脱核后将果肉的色斑、伤疤、病害、伤烂剔除，将8份苹果和2份香蕉混合切块。并立即浸泡于1％的盐水中护色。

（2）软化。将护色后的果块捞出，沥水，加入等量的15％红豆糖水，迅速加热煮沸10～12分钟，使果块变得松软，以便打浆，并抑制酶活性。

（3）打浆。苹果和枇杷块依次用筛孔为0.4毫米和0.3毫米的榨汁机打汁。

（4）过滤、调配。用已清洁消毒后的多层纱布过滤，滤液中添加70％糖液调节果汁浓度为13％～18％，再加入少量的柠檬酸钠或柠檬汁，使混合果汁含酸量为0.2％～0.7％，根据产品的要求也可以加入其他添加剂，但要求原果汁含量大于45％。

（5）脱气、均质。将果汁倒入脱气机中，真空脱气，随后转移至均质机中，20兆帕均质。

（6）灌装、封盖。均质后的复合果汁倒入热锅中，迅速升温至85～90℃，趁热灌装。灌装时需搅拌均匀，确保果汁中心温度大于80℃。灌装后，快速用封罐机或旋盖密封。

（7）杀菌，冷却。沸水杀菌10～15分钟，快速冷却。

（二）苹果酒

苹果酒作为紧随葡萄酒之后的世界第二大类果酒，也是苹果深加工的主要产品之一。苹果酒不仅价格实惠，而且具有口感温和、独具风味以及酒精度低等特点，广受我国各类人群喜爱，近年来苹果酒的生产量和消费量都显著升高。

1. 工艺流程

苹果→分选→洗涤→破碎→压榨→果汁→静置澄清→发酵→过滤→加酒混合→陈酿（半年以上）→过滤→清酒

2. 操作方法

（1）分选。选用优质品种的苹果，至少80％～90％的成熟果，剔除腐烂、霉变的苹果，或用铁制刀削除腐烂部分。

（2）清洗、去皮、去籽。用水果自动清洗机清洗苹果表皮，随后捞出去皮、切分后剜去籽巢，避免破碎过程中将苹果籽压碎，影响苹果酒风味。

（3）破碎、榨汁。将清洗好的苹果依次倒入清洗干净的破碎机、榨汁机，获得苹果汁。

（4）静置澄清。榨出的果汁先放置于阴冷处静置一天。待果汁上下分层后，固形物沉淀在酒缸底部，上清液移入已经消毒杀菌容量300升的贮酒缸内进行发酵。

（5）发酵。从苹果表面提取出酿酒酵母，并经过扩大培养后，接种在澄清果汁中。酿酒酵母可以将苹果汁中的糖类物质发酵转变成乙醇和二氧化碳。若车间有较高条件，可以直接在苹果汁中添加5％酵母培养液，更有利于苹果醋的发酵。待果汁中的糖类物质基本转变为乙醇，使酒精含量达到4％～5％，则发酵基本达到后期，此时酵母也会逐渐沉淀下来。在整个过程中，每隔一段时间要定期检查果汁的糖度、酒度以及浓度，保证果酒的风味。发酵结束后，应立即分离出酵母，除去沉淀，然后贮存于另一容器中，贮存时要将酒注满，不允许酒的表面直接与空气中的氧气接触。

（6）加酒混合、陈酿。发酵结束后，应立即按每100升的果汁，添加40升左右的60％脱臭酒精（或加白兰地），使汁液中酒精含量大于20°以上才能贮存。添加酒精后，一方面可使果汁在贮藏中不会变酸，酒变坏；另一方面酒精与果汁中的琥珀酸、甘油、醋酸等发生化合作用，产生酯类和芳香物质。使酒变得更加醇厚和稳定。陈酿半年以上，最后再进行过滤，使酒液完全清亮透明为止。

（三）苹果脆片

苹果脆片具备质感松脆、果香浓厚、色泽饱满、热量低、脂肪含量低、纤维含量丰富、方便携带和易于长期储存等优点，是用苹果生产加工的新型休闲零食。现阶段苹果脆片的加工技术主要有真空油炸和非油炸真空膨化两种。其中利用非油炸真空膨化技术加工后的苹果脆片，具有非油炸、无化学添加剂的优势，因此非常符合现代食品健康理念。

1. 工艺流程

选料→苹果清洗→切半去心→切片→护色→杀青→浸糖→真空油炸→脱油→包装贮存

2. 操作方法

（1）原材料预处理。选择优质品种的苹果，置于40℃含1％氢氧化钠和0.1％～0.2％洗涤剂的温水中浸泡10分钟。随后捞出苹果，用清水冲洗，尽可能冲洗苹果表面的洗涤剂。将清洗好的苹果，去皮去籽，切成5毫米的薄片。

（2）护色。立即将切好的薄片完全浸泡于含柠檬酸和氯化钠的护色液中。

（3）杀青。将锅内 4～5 倍苹果体积的水煮沸，随后立即加入苹果片，保持 2～6 分钟。

（4）浸糖。提前配制糖度为 60％的糖浆，取出一部分糖浆，加入热水，配制成糖度为 30％的糖浆。随后将果片从杀青锅中捞出并沥干水分后，完全浸没在已准备好的糖浆中，每次浸泡时都需要加入高浓度的糖浆，确保每次浸糖时糖浆浓度都为 30％。

（5）真空油炸。将锅内的油温加热至 100℃，随后从放料口放入沥干水分的苹果片，关闭放料口，开启真空泵、冷却水和加油设备，调节真空泵压力为 −0.095MPa，待油炸液面淹没果片，持续抽真空 2 分钟。关闭真空油炸设备，取出果片，置于脱油机，脱油。

（6）脱油。通过真空泵和离心脱油机进行脱油，−0.09MPa 抽真空脱油 3 分钟。

（7）冷却装袋。将苹果脆片平铺在清洁的流水线上，将粘连的苹果片打开，筛选出炸制不成功或者外观不佳的果片，待苹果片自然冷却至室温后，即可分级装袋、密封装箱销售。

（四）苹果籽油

苹果采收后，可加工成果汁、果醋、果酒等，其剩余的副产物可达加工原料的 1/4，如苹果籽、苹果皮、榨汁后的渣饼等。因此选择合适的工艺对苹果加工后的副产物实现二次加工，不仅可以节约资源，也能扩大原料的生产形式。其中采用萃取工艺将废料中的苹果籽加工成苹果籽油是一种非常值得推荐的方法。苹果籽含有多种营养成分，其中蛋白质和脂肪含量高达 34.0％和 25.3％。说明苹果籽是高蛋白、高营养的植物器官；与核桃、板栗仁相比，除脂肪低于核桃仁，钾低于板栗外，其余营养物质构成均高于这两者。苹果籽的蛋白质氨基酸种类齐全，比例较为平衡，人体必需氨基酸含量高，为总氨基酸的 29％，是一种营养价值较高的蛋白质。

1. 二氧化碳超临界流体萃取苹果籽油工艺流程

苹果籽→风干→除杂→烘干→粉碎→过筛→称重→装料→排气→超临界萃取→减压分离→苹果籽油→离心去杂→成品油脂

2. 操作步骤

（1）风干除杂。将清洗干净的苹果四分切开，挑出籽粒，先进行自然风干，一般保证 5~6 个晴天，人工去除杂质。

（2）烘干、粉碎、称重。将上述去杂后的苹果籽置于 60℃ 热风烘箱中，烘干 1~2 天，随后粉碎机粉碎去壳，过 50 目筛，称取其重量，并记录。

（3）装料。提前打开二氧化碳超临界萃取设备，打开入料口，倒入苹果籽粉。

（4）排气、萃取。打开设备排气阀，设置萃取条件分别为：萃取压力为 35 兆帕，萃取温度为 30℃，二氧化碳流量控制为 25 千克/小时，萃取 90 分钟；

（5）减压分离。苹果籽萃取结束后，关闭设备进样口，打开排气阀，缓慢释放萃取压力，收集出料口中的油脂。

（6）离心去杂。将收集到的苹果籽油进行高速离心，去除其中的杂质，得到成品油脂，低温保存即可。

（五）苹果醋

苹果醋，是一种具有传统醋风味的新型水果调料，同时具有减脂降压、提神醒脑等多种保健作用，自上市以来广受消费者喜爱。

1. 生产流程

新鲜原料→清洗切块→浸泡打浆→酶法液化→压榨过滤→灭菌→酒精发酵→醋酸发酵→灌装杀菌→成品

2. 操作步骤

（1）原料挑选。选取红润饱满的优良苹果、以避免不良原料对成品风味的不佳影响。

（2）清洗切块。在流动水下对苹果进行清洗，然后将清洗干净的苹果切成大小相当的小块，剔除果核。

（3）浸泡打浆。将苹果块浸泡在 pH 为 4.0 的柠檬酸溶液中 30 分钟，然后将果块捞出放入破碎机中打浆并粗滤。

（4）酶法液化。将果泥放进罐中，加入适量的果胶酶，酶法液化一段时间。

（5）杀菌。将果汁于 60℃ 下恒温水浴杀菌 30 分钟。

（6）酒精发酵。于果汁中加入白砂糖和柠檬酸，调整果汁糖度为 16%，pH 为 4.0，于 65℃ 恒温水浴 15 分钟，然后冷却至室温，加入 3% 的酵母，搅拌均匀，于 28℃ 密封发酵 7 天。

（7）醋酸发酵。将发酵结束的料液接种 10% 的醋酸菌菌种，控制发酵温度在 30℃，搅拌发酵，保证充足的氧气含量，发酵 20 天左右。

（8）灌装杀菌。将发酵完全的苹果醋过滤然后装灌杀菌，分装至小玻璃瓶中，立刻杀菌。

（六）果胶

苹果渣中含有丰富的果胶。果胶作为食品添加剂有延长食品保质期、减少原料使用量，增加面包稳定分析的作用。从苹果果渣中提取果胶，既可以提高苹果的加工价值，也可以变废为宝。

1. 生产流程

苹果渣→干燥→粉碎→洗涤→加热→酸解提取→过滤→真空浓缩→沉析→离心→干燥→成品

2. 操作步骤

（1）干燥、粉碎。新鲜的苹果渣水分含量相对较高，容易在微生物作用下出现变质现象，且由于苹果渣颗粒大，在酸水解时容易出现水解不完全。因此，一般先将苹果渣在温度 60～70℃ 环境下进行干燥脱水，然后将干燥好的果渣粉碎过筛至 80 目，保证后续酸解完全。

（2）洗涤。称取一定量果渣，置于体积约 10 倍的水中浸泡 30 分钟。然后用 60℃ 的清水清洗沉淀 2～3 次。

（3）提取。将果渣置于预先配置好的酸解液中，于 85℃ 恒温水浴，边酸解边搅拌，并不时添加适量酸解液保持 pH 不变。

（4）过滤。将酸解完全的果渣趁热过滤。目的是降低提取液的黏性。反复过滤。将多次过滤出的滤液混合，弃掉滤渣。

（5）沉析。于滤液中添加 10% 的饱和盐溶液，用氨水调节 pH 至 5.0，此时便会发生絮状沉淀。60℃ 水浴一定时间，离心分离沉淀，即得果胶。

第四章 核 果 类

第一节　樱　　桃

一、概况

樱桃（*Prunus avium* L.）又称大樱桃、西洋樱桃，为蔷薇科（Rosaceae）樱桃属（*Cerasus*）植物。其果实不仅色泽鲜艳、口感独特，而且营养价值极为丰富，每 100 克鲜果肉中铁含量达 8 毫克，居水果之首。樱桃还饱含维生素、胡萝卜素、膳食纤维和烟碱酸等，其中维生素 C 可清除体内有害的游离基，具有预防坏血病和抗老化的功效。樱桃果实有非常高的营养价值，生物活性成分也极其丰富，含有葡萄糖、果糖、蛋白质、微量元素、酚酸类化合物、有机酸、花青素、槲皮素、黄烷-3-醇、黄烷醇和羟基肉桂酸盐等。研究发现，樱桃果实中的酚酸类化合物，对癌症、炎症和病毒侵染等疾病具有重大疗效。黄酮类化合物不仅可以缓解疲劳和镇痛，还可以降血压和血脂，在治疗肿瘤和心脑血管疾病等方面有重大疗效，具有多种保健功能的有机酸可抑制癌细胞的生长和阻断病毒繁殖。

20 世纪 70 年代，樱桃进口到中国，起初在胶东半岛、大连等地小规模种植。如今，随着产品类型和市场需求的增加，樱桃被大规模商业化种植。樱桃种植区在我国分布广泛，已被种植在 23 个省份。其中四川省主要分布在雅安汉源、阿坝州（汶川、理县、茂县、九寨沟、金川、小金等县）、凉山州（越西、盐源、冕县、普格等县）、广元市（朝天区、剑阁、青川、旺苍等县）、甘孜州（康定市、泸定、丹巴、巴塘、稻城、雅江等县）、攀枝花（米易、盐边、仁和区的高半山区）及部分四川盆周地区。四川省樱桃总栽培面积约 15 万亩，产量约 13 万吨；约占全国樱桃产量的 10.8%。

二、樱桃采后商品化处理

樱桃采后商品化处理主要是指樱桃的采收和包装等过程，采收过程要考虑樱桃的成熟度、大小、质地、风味等因素，还要考虑机械损伤、病虫害和微生物。樱桃是非呼吸跃变型果实，后熟现象不明显，必须在充分成熟时采收才会体现最佳风味，采收过早则果实小、风味差，采收晚则果实易软化、腐烂，并且容易在贮藏和运输期间造成机械损伤。

（一）采收

采收是甜樱桃商品化处理环节的第一步，确定合理的采收期是采收环节最关键的环节。田间甜樱桃大面积成熟一般在 5—6 月份，此段时间昼夜温差大，光照充足，加上樱桃的成熟期较短，且不同品种樱桃和同一果树的不同部位樱桃成熟期也不一致，甜樱桃采收过早和过晚都会影响果实的风味品质。樱桃的采收时期往往取决于樱桃的成熟度和各种品质指标，在此基础上，种植者需结合市场需求，分批、分期地适时采收。

（二）预冷

樱桃收获期间温度很高，新鲜收获的果实具有大量的田间热量和蒸汽热量。收获后立即预冷不仅可以去除过多热量，还可以抑制病原微生物的生长，一定限度上起到保鲜作用。因此，预冷是樱桃商品化的关键环节。发达国家长期以来一直将预冷视为樱桃商业化的重要环节，而我国许多场所缺乏完整的冷链物流系统，大多省略了这一步骤，在常温条件下直接运输和销售，造成了相当大的经济损失。结果表明，在相对湿度为 90%～95% 的环境条件下，采摘后 4～6 小时内快速预冷可使樱桃果实的温度降至 0℃，并能较好地保持果柄的新鲜度。

目前樱桃预冷方法主要有真空预冷、普通空气预冷、差压预冷、冷水预冷、强制通风预冷等。可根据不同品种樱桃的生理特性和气候条件进行选择和使用。以"美早"樱桃为原料，采用 0℃冷水混合、强制通风预冷的方法对樱桃果实进行预冷。结果表明，两种预冷方法均能降低果实的失重率，在一定程度上延缓果实外观色泽的下降，延长货架期 2～3 天。然而，冰水预冷处理时间相对较短，比通风预冷时间短 62%，可以显著延缓 TSS 和可滴定酸含量的下降，保持果实硬度。在比较差压预冷、冷库预冷、"0℃冷水＋冷库预冷"三种预冷方法的效果时，结果表明，"0℃冷水＋冷库预冷"和差压预冷处理的樱桃呼吸强度和乙烯释放量显著降低，果实营养品质较好，具有预冷速度快、能耗低的优点。有人研究了在气调包装条件下樱桃在 0℃贮藏和室温贮藏、低温运输和室温运输的不同，结果表明，差压预冷可以显著降低樱桃的腐败率和失重率，并能更好地保持 TSS 和维生素 C 的含量；通过及时预冷、低温运输和 0～5℃贮藏，可将采后樱桃的保鲜期延长到 50 天。目前，在实际生产中，水预冷仍然是最常用的预冷方法，因为它既便宜又高效。然而，针对不同的品种，相应的预冷技术仍需改进和推广。

（三）分级

樱桃果实采后分级的目的是去除小果、缺果和病果，挑选出健康、均匀、光滑的果实，提高其整体商品价值。樱桃分级的主要依据包括果实的形状、颜色、大小、成熟度、硬度、口感等指标。关于樱桃的分级，不同国家有不同的分级标准，但大多数是根据果实直径进行分级的。我国没有统一的分级标准，通常根据果实大小分为四级：特级（≥10克）、一级（8.0～9.9克）、二级（6.0～7.9克）和三级（4.0～5.9克）。Ctifl 等发明的色卡可以根据规格的大小和颜色将不同品种的樱桃分为不同级别，按规格大小分为 13 个不同级别；颜色分为 7 种不同级别，从浅红到深红再到深紫色。这种方法对樱桃的分级更专业和严格。经过分级，外观色泽均匀，亮度无可挑剔的樱桃，最受消费者欢迎。缺点是需要专业人士挑选樱桃，会使樱桃的价格升高。根据农业部标准，利用视觉技术对美早、红灯和先锋樱桃进行分类。与人工分拣相比，结果准确率为 99%，具有分拣速度快、设备小、对樱桃无损失等优势。近红外高光谱成像技术可用于检测樱桃果实在不同成熟阶段的 TSS 与 pH 之间的关系。在对樱桃成熟度进行分类时，对果实质量指标（TSS）进行了测量，但该技术仍需改进，例如提高准确性和降低成本。目前，机械分类在市场上得到广泛应用。分拣直径范围（通常 10～40 毫米）可根据客户需要进行调整。不仅分拣效率高、分拣准确，而且节省了大量的人力和财力，但在分拣过程中不可避免地会造成一小部分机械损坏。

（四）包装与运输

樱桃初选后用泡沫箱加冰袋包装发货；甜樱桃购销商直接在市场进行分级包装，发往南方远距离销售地的果实需要冷库预冷 24～48 小时后冷藏车运输，也有在市场冷藏库短期贮藏，定期冷藏车发货的。

三、樱桃贮藏保鲜技术

（一）物理保鲜

1. 低温冷藏

目前，人们普遍认为樱桃冷藏的适宜温度为−1～1℃。有人发现与 0℃ 和5℃冷却相比，将贮藏温度控制在生物冰点附近对樱桃具有更好的保鲜效果，但每个品种的生物冰点不同。目前，国外成熟的樱桃冷链物流技术可以保证樱桃从收获到销售都保存在 5℃ 以下。研究发现，一氧化氮可以提高樱桃的冷藏质量。虽然冷藏链中的相对湿度很难满足樱桃保鲜的最佳要求，但它仍然是广为认可和广泛使用的保鲜方法之一，一些研究发现，缓慢加热的交付方式对低温贮藏樱桃的质量有积极影响。

2. 冷激处理

冷水预冷可以在 6 分钟内快速冷却樱桃，但研究发现，这种处理方法对不同品种有不同的保存效果。用 1℃ 冷水预冻 ambruniss 樱桃 6 分钟会增加果实的变质速度，但用 0℃ 冷水（即冰水混合物）冷却 10 分钟可以延缓 samito 樱桃质量的下降。冷藏中预冷以降低水果温度的速度相对较慢。美国、智利和其他国家长期以来一直认为预冷是樱桃商业化的一个重要环节。因此，海外樱桃交易的操作步骤通常要经过 5 个环节：采摘、预冷、分拣、储存、保存和包装，但预冷这一步骤在中国许多地方被省略。

3. 气调贮藏

气调贮藏常分为自发气调（Modified atmosphere，MA）和人工气调（Controlled atmosphere，CA）。MA 能有效延长樱桃 0900ziraat 的使用寿命，降低坏果率。与 MA 相比，CA 能更好地提高沙蜜豆樱桃的冷藏品质，延长其使用寿命。当二氧化碳浓度为 20%、氧气浓度大于或等于 7% 时，可有效降低果实坏果率，而不影响其他品质；当二氧化碳浓度为 10%～20%，氧气浓度为 3%～8% 时，樱桃可以保存 40～50 天；当二氧化碳浓度为 10%，氧气浓度低于 1.5% 时，樱桃会产生厌氧乙醇气味。此外，包装材料对气体的选择性渗透可以直接影响内部气体的比例，进而影响水果的呼吸、代谢和老化。淀粉复合膜、防雾膜、添加薄荷精油的聚乳酸活性抗菌膜等新型包装材料对水果保鲜有积极作用。当不同品牌的硬纸板覆膜袋透气性不同时，樱桃的新鲜度明显不同。研究结果表明，保鲜效果最好的纸板覆膜袋可以将氧气和二氧化碳的浓度控制在 6.5%～7.5% 和 8%～10% 的范围内，从而显著减少维生素 C 的损失和脂质过氧化，有效保持水果的风味。有人通过调整薄膜面积、薄膜厚度和产品体积来改变袋中气体的比例，可以达到理想的樱桃保鲜效果。不同类型的包装盒对水果质量有显著影响。改良除湿箱的保鲜效果优于普通除湿箱，能有效提高果实硬度，降低果实变质率，减少可溶性固形物和维生素 C 的损失。

4. 辐照

在 0℃ 的冷藏库中对樱桃进行 2.31 千戈瑞和 2.41 千戈瑞电子束处理，可延长 30～45 天的保质期，但花青素、总酚、可溶性固形物和总糖的含量降低。与高剂量（1.5 千戈瑞和 2.25 千戈瑞）γ-辐照相比，γ 辐射（0.75 千戈瑞）可显著降低玛瑙红果实的腐败率。田竹希等人还发现了短波紫外线 C，（UV-C）比 γ 射线更适合保存樱桃。不同剂量的 UV-C 对果实有不同的影响，低剂量的 UV-C（1.37 千焦/平方米）与高剂量的 UV-C（2.05 千焦/平方米和 2.74 千焦/平方米）相比，能更好地减缓玛瑙樱桃坏果率的发生。中波紫外线（UltravioletB，UV-B）也能有效地保持樱桃的品质，但提高酚含量和抗氧化活性的效果不如 UV-C，不同品种的樱桃因受照剂量和受照时间的不同而保鲜效果有所不同，同时也取决于国家对辐射的限制。结合这些信息，应用辐射技术保存鲜樱桃可为工业应用提供可靠的理论指导。

5. 其他

研究表明，42℃浸泡 10 分钟或 60℃热水喷淋 20 秒均可以抑制果实的褐变并降低腐败率，但不会影响其他质量指标。用 44℃的热风处理 114 分钟，可有效抑制青霉菌，保持果实质量。同时，将樱桃在 50℃的水中浸泡 2 分钟后转移到 0℃的贮藏库，会加速果实成熟，缩短了贮藏期。姚甲奇等人发现，不同压力（20 千帕、40 千帕、60 千帕，每隔 12 小时抽真空 1 次以保持压力稳定）可以延长拉宾斯樱桃在 0℃冷藏库中的保质期，压力越小越好，而这种方法既烦琐又昂贵，目前不适合工业应用。脉冲电场是一种周期性熏蒸防霉的新技术，其特点是升温小、能耗低但杀菌效果突出，是目前国际上研究最多的非热杀菌技术之一。使用频率为 0.9 千伏/厘米、6 千赫兹纳米脉冲处理 60 秒，可以将红灯樱桃的腐败率降低 2/3。低或中度的脉冲电场也可以增加多酚的含量。弱酸性电位水是一种安全有效的杀菌剂，可通过仪器利用一定浓度的氯化钠溶液制备。在 10℃、pH5.5 的电位水中浸泡 10 分钟不仅能有效减少樱桃霉菌的数量和水果的腐败率，而且不影响果实的硬度等指标。不同稀释倍数效果不同，稀释倍数大（游离氯浓度低于 200 毫克/升）的电位水处理对樱桃的保鲜效果更佳。此外，刘东平等发现将樱桃和等离子活化水以（1：1）～（1：1.5）的质量比浸泡 5 分钟，能有效抑制细菌和真菌的生长，并无毒副作用。

（二）化学保鲜

近年来，研究人员使用二氧化硫、丙酮酸乙酯和二氧化氯代替杀菌剂来保持樱桃的新鲜度。比如，添加二氧化硫的保鲜纸通过缓慢释放对樱桃可以起到防腐、抗氧化和抑制呼吸的作用，但是保鲜纸直接接触到果实的部位会发生色泽变化，因此需将二氧化硫制成粉剂或片剂，避免与果实的直接接触，可减少对果实颜色的影响。丙酮酸乙酯是一种稳定的亲脂丙酮酸衍生物，极易挥发，其蒸汽具有抗菌性，在特定条件下被食品及药物管理局（FDA 和 DROG）列为公认的安全物质。将醋酸丙酮溶液冻干成粉末，装在微胶囊中，通过缓慢释放对樱桃进行处理，可降低果实腐败率，延缓果实成熟和生物活性成分含量的降低，且不影响果实颜色。二氧化氯具有很高的氧化能力，但不会氧化有机物产生剧毒有害物质，是一种有效的消毒剂，已被食品安全局批准用于果蔬消毒。浓度为 16 毫克/升或 20 毫克/升的二氧化氯联合气体可减缓水果软化过程，不影响颜色、风味和花青素含量，有效延长货架期，利用二氧化氯处理成本低、简单且易于实施。乙醇熏蒸樱桃 12 小时可有效抑制灰霉病，减缓果实软化和可滴定酸含量下降。考虑到乙醇对果实风味的影响，进一步研究乙醇熏蒸对樱桃某些重要品质指标（口感、颜色、可溶性固体等）的影响发现，该方法具有实践意义。醋酸（6 毫克/升）熏蒸 30 分钟可延长樱桃的保质期，抑制霉菌生长和短期抑制细菌生长，但由于技术问题，尚未投入工业应用。其他酸（如草酸、水杨酸）及其酯类（水杨酸甲酯）可增加樱桃总酚和花青素含量以及抗氧化活性，延缓果实衰老，但可能会降低糖酸比，导致果实口感下降。氯化钙主要以浸泡或喷洒方式处理，可以加大果胶分子间的交联，从而使果实硬度增加，但有研究表明这种方法并不是对所有品种都有效，大多研究更倾向采前和采后结合使用氯化钙来提高水果品质。甜樱桃作为非呼吸跃变型水果，被认为乙烯不能显著影响其品质和货架期。然而近几年国外研究发现 1 微升/升1-甲基环丙烯可以减缓 Bing 和 Burlat 樱桃果实的软化，有效延长货架期。张立新等人使用了高效乙烯去除剂，使樱桃在 0℃ 冷库中发生的老化和褐变现象明显减缓，这些发现为樱桃采后保鲜的研究提供了新思路。

（三）生物保鲜

通过生物天然提取物、微生物及其代谢产物以及遗传技术等方法延长新鲜产品的保质期。将 0.15％瓜尔豆胶、0.1％氯化钙和 0.1％甘油联合使用，可使樱桃在 20℃（相对湿度 70％～75％）时保质期延长 8 天。用浓度为 0.1％的艾草叶精油的细乳处理樱桃，可有效降低果实的降解率和其他品质损失。但考虑到植物精油的香气会影响水果的风味，应用时应注意精油的量或浓度。皮质多糖是一条直链，不同的生物体接受不同的皮质抑制作用。土耳其马尔马拉海虾泡沫塑料可以显著降低细菌水平，提高樱桃的保鲜效率。一些研究人员更喜欢易溶于水的羧基甲基皮质来保持樱桃的新鲜度，这样可以减少果实的损失，保持外观质量。酚类物质是蔬菜中常见的次生代谢物，具有较高的抗氧化活性。浓度为 100～200 毫克/升的豆类提取物芳香酸不仅能激活苯丙烷代谢和修复细胞壁，还能提高抗氧化剂含量，激活基本抗氧化酶活性，延缓樱桃果实的衰老。陶永元等人发现，在 1.5% 茶多酚和 2% 聚乙烯多糖的混合物中加入 5 分钟的聚氨酯泡沫可以有效延长樱桃保质期。虽然这些方法的成本相对较高，但考虑到酚类对人体健康有益，它们的应用前景似乎更大。

四、樱桃加工

（一）樱桃干

1. 工艺流程

樱桃果实筛选→漂洗→熏硫→烘干回软→成品

2. 操作方法

（1）选果。选择果皮光亮、核短、柄短、樱桃果大、口感甜且果汁少，除去霉菌、未成熟的果实，然后取出柄，放入篮中，用水冲洗 2～3 次除去杂质。

（2）漂洗。将樱桃放入 0.2%～0.3% 沸腾的碱水中热烫，在清水中彻底冲洗并除去碱液，然后放入篮子中 5～10 分钟，沥干水分。

（3）熏硫黄。将水果放入烘干机中熏硫室，把硫黄放在研钵里，加入木屑和其他燃烧的东西。点火后，关上硫黄熏蒸室的门，大约 1 小时。2～3 千克硫黄可熏制 1 吨樱桃。

（4）干燥回软。烟熏硫黄后，樱桃均匀地铺在烘干机上，放入烘干房。温度开始调节在 60℃ 左右，稍干后增加到 75～80℃，8～12 小时后取出。为了达到平衡樱桃果实内外水分，使质量柔软的目的，还需将樱桃倒入木箱中放置 2～3 天，以便于回软。

（5）分级包装。按质量要求进行分级，樱桃干的一级品呈暗红色，二级品为淡红色。分级后的樱桃干用食品袋包装，再按箱分装。

（二）樱桃汁

1. 工艺流程

樱桃筛选→漂洗→去核→热烫→打浆→过滤→调配→均质→杀菌→成品

2. 操作方法

（1）选果。选择色泽鲜艳、风味佳、充分成熟的樱桃，剔除病虫果、未熟果、腐败果和树叶、杂质，小心摘掉梗柄。

（2）洗果。在温度为 10℃的水中冲洗果皮表面污物，最好浸泡一段时间，但浸泡时间不超过 12 小时。因樱桃果实表面农药残留量低，一般不需用酸液或碱液浸泡。

（3）去核。用捅核器去除樱桃果实的核，以提高出汁率。

（4）热烫。在不锈钢或铝夹层锅中加热至 65℃约 10 分钟，以煮透为度。

（5）打浆。用网孔直径 0.5～1.0 毫米打浆机打浆。在果浆中加入浆重 0.04%～0.08%的 L-抗坏血酸，以防氧化。

（6）过滤。果浆通过 60 目尼龙网压滤，除去粗纤维、较大的果皮、果块等。

（7）调配。按饮料中果浆含量 40%～60%，可溶性固形物含量调到 14%～16%，用柠檬酸液调果浆可滴定酸含量至 0.37%～0.40%。

（8）脱气、均质。果汁调配后进行减压脱气，以减轻之后工序中的氧化作用。然后用高压均质机进行均质，使饮料中的果肉颗粒进一步细微化，增强其稳定性。

（9）杀菌、灌装。将调配好的果汁加热至 93～96℃，保持 30 秒钟。趁热装入杀菌后的热玻璃瓶中，也可使用纸塑制品或易拉包装盒。灌装温度不低于 75℃，装后立即封口，在 100℃沸水中杀菌 15～20 分钟，取出后用冷水分段冷却至 38℃。

（三）樱桃果酒

1. 工艺流程

樱桃筛选→分解果胶→过滤→发酵→调酒度→陈酿→换桶→调配杀菌→成品

2. 操作方法

（1）选果。剔除病虫果、腐败果，除去果梗、果核，加入 20%～30%的水，在 70℃下加热 20 分钟，趁热榨汁。

（2）分解果胶。果汁中加入 0.3%的果胶酶，充分混合，在 45℃下澄清 5～6 小时。

（3）过滤。先用虹吸法汲取上部的澄清汁，沉淀部分用布袋过滤。

（4）主发酵。果汁中先加入 0.007%～0.008% 的二氧化硫进行消毒，再加入白砂糖调整糖度至 15°以上，按果汁量的 5%～10% 添加酒母，至糖度降为 7°时，再加糖发酵直到酒度为 13°为止。

（5）调酒度。主发酵后的酒度以调整至 18°～20°为宜，过低易受病菌侵染，反之影响陈酿。

（6）陈酿。将果酒装入橡木桶中，在 12～15℃ 温度下贮存。陈酿所用的橡木桶必须刷洗干净，桶口用石灰液或酒精消毒。

（7）换桶。陈酿初期每星期换 1 次，换两次后可 3～6 个月换 1 次桶，每次均弃除沉淀。换桶时酒必须注满桶，同 1 桶中必须是同期、同类的新酒。

（8）调配。加蔗糖 12%、饴糖 3%、蜂蜜 2%、甘油 0.02%，用适量酒精补充陈酿中的损失。

（9）消毒。果酒装瓶后置入冷水中，逐步升高水温至 70℃，保持 20 分钟，然后分段冷却至常温。

（四）樱桃脯

1. 工艺流程

筛选→后熟→去核→脱色→糖煮→晾晒→包装

2. 操作方法

（1）选料。选用个大、肉厚、汁少、风味浓、色浅的品种，成熟度在九成左右樱桃，剔除烂、伤、干疤及生、青果。

（2）后熟。将采收的樱桃在室温下摊放地上后熟 1 夜，但切忌堆放过厚而发热，影响制品质量。

（3）去核。果实后熟后，为使果核与果肉分离，可用捅核器捅出果核。

（4）脱色烫漂。将去核的樱桃，浸入 0.6% 的亚硫酸氢钠溶液中浸泡 8 小时，脱去表面红色。对于红色较重的樱桃，脱色时间可适当延长。将脱色后的樱桃放入浓度为 25% 的糖液中预煮 5～10 分钟，随即捞出，放入浓度为 45%～50% 冷糖液浸泡 12 小时左右。

（5）糖煮。捞出果实，并将糖液浓度调整至 60% 左右，然后煮沸，然后将果实进行糖煮，再用文火逐渐使糖分渗入果肉，直至果实渐呈半透明状。

（6）晾晒。捞出果实，沥去表面糖汁，放入竹屉或放在苇席上，在阳光下暴晒。注意上下通风，防止虫、尘、杂物混入，并每天翻动。晒 2～3 天，果肉收缩后，可转至阴凉处通风干燥至不黏手时即可或放进烤房中于 60～65℃

温度下烤干。

（7）包装。采用聚乙烯塑料薄膜袋封装。按大小、色泽、形状分级包装，对颗粒不完整、大小不一致以及色泽较差的另外包装。

（五）樱桃罐头

1. 工艺流程

筛选→漂洗→装灌→封灌→杀菌冷却→包装

2. 操作方法

（1）选料。选用新鲜饱满、成熟度在八九成、风味正常的果实，剔除霉烂、病虫、机械伤和畸形果，并按果形大小分成 3～4.5 克、4.6～6 克和 6.1 克以上 3 个等级。

（2）漂洗。将果实装入竹篮，在流动的清水中充分漂洗干净，沥干水分，选出完整无破裂的果，进行装灌。

（3）装灌。取 310 克樱桃果，装入经严格消毒的玻璃瓶中（罐盖和胶圈须用沸水消毒 5 分钟），加入糖液 200 克。

（4）封灌。将装好的罐头放入排气箱中加热，排除罐内空气，待罐中心温度达到 80℃时，立即用封灌机封口。

（5）杀菌冷却。封灌后置于沸水中杀菌 5～15 分钟，然后分段冷却即成。

第二节 荔 枝

一、概况

荔枝，是防风科荔枝属植物。果皮有鳞和斑状，鲜红色和紫红色。成熟时呈鲜红色；种子都包裹在肉质芳基中。春季开花，夏季结果。肉新鲜时呈半透明奶油状，味道鲜美，但不耐贮藏。每 100 克荔枝的可食用部分含有 84 克水、14 克碳水化合物、0.7 克蛋白质、0.7 克脂肪、32 毫克磷、6 毫克钙、0.5 毫克铁、0.02 毫克硫胺素、0.04 毫克核黄素、0.7 毫克烟酸和 36 毫克抗坏血酸；此外，它还含有粗纤维、有机酸、氨基酸、胡萝卜素、锌、镁等矿质元素，有"水果之王"的美誉。荔枝具有健脾、生水、理气、止痛的功效。现代研究发现，荔枝可以滋养脑细胞，有改善失眠、健忘、做梦等功效，可以促进皮肤新陈代谢、延缓衰老。

合江县位于四川省、贵州省北部、重庆市西部的交界处，属亚热带气候区。合江荔枝已有 1000 多年的栽培历史。合江荔枝产量占四川省荔枝总产量的 9％以上。与广东省、广西壮族自治区、海南省、福建省等荔枝产区相比，合江荔枝成熟期晚 2～3 个月。2004 年获得农业部无公害农产品证书、无公害农产品基本证书和农业部南亚热带作物（荔枝）名优基地证书；2005 年，合江荔枝获得第二届四川西部国际农业展览会银牌；2007 年 5 月，合江荔枝获得第八届四川西部博览会畅销产品奖和最受欢迎产品奖；合江荔枝还通过了国际良好农业规范（GAP）认证（欧盟出口标准）。当地荔枝品种有大红袍、绿色、香椿、楠木叶、酸辣荔枝、泸州桂味、合江妃子笑等 10 多个，其中绿色荔枝也入选中国十大种质资源。2008 年以来，合江县先后从广东、广西、海南等地引进广东妃子笑、井冈红糯、冰梨、咸金丰、钦州红梨、贵妃红、无籽荔枝、新求米荔枝、紫娘溪等 30 多个品种，极大地丰富了合江荔枝的品种资源。合江荔枝由于成熟期晚且品质优良，经济效益良好。近两年来，大红袍平均售价每千克 16～30 元，绛沙兰、楠木叶、妃子笑每千克 80～160 元，而陀缇、带绿每千克高达 30～700 元。合江县委、县政府特别重视荔枝产业，把荔枝作为农业特色支柱产业来抓，截至 2020 年底，合江县荔枝面积稳定在 2.04 万公顷，投产面积 0.8 万公顷，常年产量 4 万余吨，综合产值 15 亿元。产业核心区和宜泸渝、成自泸赤高速公路沿线和合福路沿线的荔枝产业带，已建成核心园区 1 个，万亩规模荔枝产业乡镇 3 个，334 公顷以上荔枝产业村 15 个。合江县是全国晚熟荔枝产业发展优势区，是"中国晚熟荔枝之乡"。

二、荔枝采后商品化处理

（一）采收

最好在八成熟时采摘，当果皮基本变红，内果皮仍为白色时。最好在晴朗的早晨或阴天采收。不适合在雨天和中午炎热的阳光下采收。水果容器应挂在树上，轻轻折叠和搬运，以防止机械损伤。

（二）预冷

荔枝果实应快速预冷，将水果温度降至适当的储存温度。方法：果实分开放置散热降温，接近贮存温度后堆放。预冷荔枝果实的温度可在 24 小时内降至贮藏温度。收获时间越短，包装时间越短，贮藏效果越好。

（三）分级

清除破碎果、机械损伤和害虫果，并选择相同成熟度的荔枝果。保留荔枝果的枝条，但去掉叶子。选择凉爽的地方或低温库存放。

（四）包装与运输

选择小包装或中型通风内部包装，有助于散热和冷却。可以使用厚度为 0.02～0.04 毫米的聚乙烯薄膜袋，外包装可采用穿孔箱、木箱或竹篮。短期常温运输营销包装可采用塑料筐、木箱、竹篮等，上下垫草叶等内衬或聚乙烯薄膜，既能保湿，又有利于通风散热，避免包装中心温度过高导致果实变质和变暗。

三、荔枝贮藏保鲜技术

（一）物理方法

1. 气调贮藏

目前，二氧化碳、氧气和氮气主要用于储存。高氧环境有利于抑制荔枝果皮的磨光，保持细胞膜的完整性；二氧化碳浓度不宜过高，否则会引起二氧化碳中毒；当浓度超过 10%时，荔枝果变黄。

2. 低温贮藏

目前，密封泡沫箱常温冰运技术在我国南方荔枝的北方运输中得到了广泛应用。常温下，荔枝在泡沫箱冰运输过程中，经历了两个环境条件：一是温度变化；第二个是气体成分的变化。这两种环境条件的变化必然导致果实品质和生理活性的变化。然而，低温贮藏的荔枝货架期短，褐变快，导致长途运输困难。有人进行了低温储存试验发现，荔枝可以保持新鲜度超过 30 天，完好率接近100%，效果令人满意。可见，低温保存效果好，但对品种、采收等有非常严格的要求。

3. 热处理

热处理在一定程度上破坏了果皮的超微结构，使酸更均匀地浸入果皮中，因此可以更好地保持花青素的结构和稳定性，抑制其降解，保持果皮红色。荔枝在 100℃沸水中热处理 20 秒，再经过 pH 0.5 的氯化氢处理可使果皮呈现鲜红色。冻藏 30 天后解冻，10 小时内保持鲜红色。

4. 辐照保鲜

对荔枝来说，75～300 戈瑞是有效的 γ 辐射，可以成功控制昆士兰果蝇，剂量大于 250 戈瑞可导致幼虫完全死亡，但对果实质量无明显影响。辐射稍微提高了果实的呼吸速度，但对果实的营养质量和外观没有明显影响。辐射处理需要与其他处理方法相结合。

5. 速冻保鲜

新鲜产品速冻技术有以下特点：①符合安全、环保及易于实施的荔枝速冻技术的要求；②操作简单，操作方便；③设备要求不高，只需要一个能够满足快速结冰要求的冷冻库。相关实验研究表明，快速冷冻和保鲜技术可以保存荔枝很长时间，不添加任何添加剂，颜色和味道都很好。要解决的主要问题包括：①品种选择，不同品种对速冻温度的要求不同；②快速结冰所需时间，不同种类快速结冰的时间不同；③解冻过程要求解决出现的两个问题：棕色过程和结晶水的析出。目前处理褐变的方法在修复有机酸和维生素方面一般效果良好，但结晶水的分泌问题尚未达到理想的解决状态。所以，对不同品种进行进一步研究以确定解冻温度、解冻时间和环境解冻。同时，还需要进一步研究速冻温度的调节，如不区分品种，盲目进行速冻，可能导致荔枝水分流失，保鲜失败。

（二）化学方法

二氧化硫与花色素苷形成的复合物可以使荔枝果皮恢复红色。另外二氧化硫还可以抑制青霉菌、绿霉菌、霜疫菌以及酸腐菌等病原性微生物的扩散，可以防止细菌性腐烂。徐祖进采用 100 克/立方米硫黄将荔枝熏蒸 30 分钟后再采用 3％氯化氢浸泡 15 分钟发现荔枝保鲜期可延长至 10～15 天。若处理后在 1～2℃条件下保存，保鲜期可长达 3 个月以上。有人研究开发的二氧化硫固体保鲜缓释剂对荔枝保鲜效果表明，在 2～4℃贮藏条件下，采用缓释剂处理过的荔枝可贮藏 60 天且营养成分保持良好。出库经抗氧化剂处理后在常温下的货架期能达到 3 天好果率为 85.7％。但二氧化硫熏蒸法也有其缺点，即果皮和果肉中会有二氧化硫残留。有人采用植酸复配苯甲酸和柠檬酸对荔枝果实的保鲜进行研究发现荔枝果皮中的多酚氧化酶的活性受到抑制，而花色素苷的含量保持较高。新鲜荔枝经复配植酸保鲜剂处理 5～10 分钟后在（3±1）℃条件下贮藏，可使荔枝果实保鲜期达到 40 天左右且果肉品质、风味、果皮色泽保持良好。

（三）生物方法

有人用百合科开口箭植物根茎提取物处理妃子笑和槐芝荔枝，发现正丁醇提取物和开口箭乙酸乙酯提取物显著抑制荔枝疫霉菌丝生长。处理后，当对照果实的发病率达到 80％以上时，用正丁醇提取物和乙酸乙酯提取物处理的果实的发病率低于对照的 50％，这优于专用杀菌剂。生物制剂不存在农药残留和耐药性问题，具有良好的应用潜力。有人使用 3％普鲁兰多糖＋0.1％纳他霉素作为生物防腐剂来保持荔枝的新鲜。荔枝洗净后，在生物制剂中浸泡 2 分钟，取出后沥干水分，室温或 4℃冰箱保存，最长保存时间为 15 天。有人用 1.5％壳聚糖＋1.0％没食子酸＋4.0％柠檬酸＋0.1％氯化钙作为妃子笑荔枝贮藏保鲜液，在一定程度上延长了妃子笑荔枝的贮藏期。

四、荔枝加工

（一）荔枝果汁

1. 工艺流程

原料选择→清洗→去皮、去核→打浆、榨汁→过滤→澄清处理（澄清果汁）或加热浓缩（浓缩汁）或调配、均质（果汁饮料）→杀菌、灌装→贮存

2. 操作方法

（1）选果。选择新鲜、成熟度适中、出汁率高、风味浓郁的果实为原料，或者直接利用制作罐头用的新鲜荔枝果肉，黑叶、玉荷包、妃子笑等荔枝品种较适宜制汁。

（2）剥壳、榨汁。荔枝果实剥壳后应尽快榨汁，否则容易出现果汁黄变现象。可以使用手工剥壳，也可以使用荔枝剥壳、去核、榨汁机械设备进行。

（3）澄清处理。一般果汁要求最终产品糖度为14%～16%，含酸量为0.2%～0.3%。调配好的果汁通过均质防止汁液中存在的悬浮微粒下沉，出现分层，可用胶体磨、高压均质机、超声波均质机等进行均质。均质后的果汁加热到75～80℃，钝化酶，防止果汁褐变。

（4）杀菌、灌装。趁热灌装后封盖，也可采用超高温瞬时杀菌处理后进行无菌灌装。然后在100℃条件下加热杀菌8～10分钟，杀菌后迅速冷却至38～40℃。

（二）荔枝果酒

工艺流程

荔枝筛选→调整成分→发酵→陈酿→成品

2. 操作方法

（1）原料处理。荔枝经清洗、去皮、去核、榨汁、过滤即可进行下一步工序。

（2）调整成分。由于荔枝汁的含糖量为12%～18%，无法达到酵母菌生长繁殖的最适含糖量（20%～25%），所以通常要对其进行浓缩或加入白砂糖。氮源多采用外加谷氨酸的形式，添加100毫克/升谷氨酸的荔枝酒与其他样品相比果香较浓郁，刺激性气味明显减弱，而pH应调至微酸性（3.5～4.0），二氧化硫含量为荔枝汁的6%。

（3）发酵。王天陆研究荔枝果酒酿造过程中的果胶酶用量、二氧化硫用量、发酵温度、含糖量和酵母菌接种量对发酵的影响。结果表明，在单因素条件的影响下，果胶酶用量80毫克/升，二氧化硫用量50～100毫克/升，发酵温度22℃，含糖量22%，酵母菌接种量6%分别为最适合条件。

（4）陈酿。荔枝酒要求在密封低温的条件下陈酿，在低温5～10℃下进行陈酿80天左右，可使酒液的风味得到大幅度改善，形成典型的荔枝香气。

（三）荔枝罐头

1. 工艺流程

荔枝选择→制作糖水→分装→成品

2. 操作方法

（1）荔枝的选择。为了能够保证荔枝罐头的美味，选择荔枝将采用新鲜的成熟荔枝制作罐头，但是荔枝不要太熟（八九成熟最好）。荔枝最好能够在清晨采集，果实大约为20～25毫米，果肉圆正，小核或者无核。选择果肉晶莹雪白的品种，不涩口不霉变，没有病虫害侵蚀和机械损伤，外壳清洁完整。外壳的颜色周正均匀，整体感觉好。

（2）制作糖水荔枝。制作糖水荔枝，糖水的制作是少不了的，不仅要加入固定比例的糖分，也需要加入少量食盐（预防果肉变红变深），一般需要将水煮开冷却至40℃，然后再浸泡荔枝。调制成功后，需要放入干净的容器内清洗、消毒、沥干水分，将已经清洗好的荔枝放入，注入糖水静置，然后再加入适量的柠檬酸调整口味（一般为0.1%～0.2%），也可以加入其他的调味剂，同时还需要加入少量防腐剂（抗坏血酸）防止褐变。

（3）荔枝罐头的保存和分装。糖水荔枝制作成功后，应该进行分装。其分装容器可以使用比较小的罐子，也可以使用较大的罐子第一次封装后准备再次分装。检验时候应该留样，并且进行几次检测，确定其制成品果肉半透明、果肉雪白、口感良好。分包后应该贴上标签，然后置于干燥阴凉的地方静置保存，必要时每隔一段时间取样抽检，检查荔枝罐头的新鲜度和口感。

第三节 桃 子

一、概况

桃子蔷薇科、桃属植物。落叶小乔木；叶为窄椭圆形至披针形，长 15 厘米，宽 4 厘米，长而细的尖端，边缘有细齿，暗绿色有光泽，叶基具有蜜腺；树皮暗灰色，随年龄增长出现裂缝；花单生，从淡至深粉红或红色，有时为白色，有短柄，直径 4 厘米，早春开花；近球形核果，表面有毛茸，肉质可食，为橙黄色泛红色，直径 7.5 厘米，有带深麻点和沟纹的核，内含白色种子。花可以观赏，果实多汁，可以生食或制桃脯、罐头等，核仁也可以食用。果肉有白色和黄色的，桃子有多个品种，一般果皮有毛，油桃的果皮光滑；蟠桃果实是扁盘状；碧桃是观赏花用桃树，有多种形式的花瓣。

桃子素有寿桃和仙桃的美称，因其肉质鲜美，又被称为"天下第一果"。每 100 克鲜桃中所含水分占比 88%，蛋白质约有 0.7 克，碳水化合物 11 克，热量只有 180 千焦。此外，还含有脂肪、粗纤维、钙、磷、铁、胡萝卜素、维生素 B_1 以及有机酸（主要是苹果酸和柠檬酸）、糖分（主要是葡萄糖、果糖、蔗糖、木糖）和挥发油。桃子适宜低血钾和缺铁性贫血患者食用。桃树干上分泌的胶质，俗称桃胶，可用作粘接剂等，为一种聚糖类物质，水解能生成阿拉伯糖、半乳糖、木糖、鼠李糖、葡糖醛酸等，可食用，也供药用，有破血、和血、益气之效。

四川桃子种植区以龙泉驿区、天府新区、青白江、金堂、简阳、仁寿、广汉等为代表的龙泉山脉种植带为主，桃园面积大、产量、品质优势明显，种植面积占全省近一半左右。川中丘陵和盆周山地这些区域的桃子区域品牌特色明显，果品质量好，比如西充香桃、蓬溪仙桃、大英早熟桃、昭化女皇贡桃、简阳阳春玉桃和晚白桃、大竹秦王桃等。而在以会东、西昌、德昌、米易、攀枝花等为代表的金沙江和安宁河流域，那里的（极）早熟桃子可实现 2—5 月就成熟，在西南横断山高海拔区域（极）晚熟一直可以延续到 10—12 月成熟。四川桃子种植面积在近年来发展较快，目前已经有 100 万亩左右，主栽品种50 多个。

二、桃子采后商品化处理

（一）采收

采收是商品化处理的第一个步骤，在采收过程中，涉及病、虫、伤残、畸形等多种方面，进行机械化处理有些难度，主要以人工操作完成。

（二）清洗

清洗是商品化处理的一个重要阶段，一般是采用浸泡冲洗或者用刷子清除表面污物，去除桃子表面的农药残留物及肉眼不可见的病虫卵、细菌，使桃能够保持清洁干净的状态。在清洗过程中，清洗用水要按照相关规定，可以适当添加杀菌剂，如氯酸钙、漂白粉等。在清洗之后要进行适当的干燥处理，防止桃腐烂变质。

（三）分级

分级是为了更好地进行销售，打造品牌，使桃成为标准化的商品。针对桃子的分级标准要结合桃的特质及销售情况进行科学合理的划分，分级的方法有人工分级和机械分级两种。桃的分级工作仅有少数是机械分级，大部分还是由人工进行分级，所以这一阶段的工作效率相对来说较低。

（四）包装与运输

包装是为了在运输途中保护产品、避免碰撞，方便贮藏，使桃果品能够在流通中保持良好品质的稳定性，利于后续销售。良好的包装不仅可以做到安全运输、方便贮藏及减少碰撞的作用，还可以有效减少虫害的发生和水分的过分流失。

三、桃子贮藏保鲜技术

（一）物理保鲜

物理保鲜是在不破坏食品营养结构与原有风味的基础上，将物理原理和技术应用于食品果蔬，起到杀虫灭菌、防腐保鲜作用的方法。

1. 低温冷藏

低温贮藏指在0℃或略高于果蔬冰点的适宜低温环境条件下对果蔬进行保

鲜贮藏的方法，具有安全、效果好、可操作性强等优点。余意等通过研究不同采收成熟度和贮藏温度对锦绣黄桃完熟品质的影响发现，7℃贮藏条件下，七八成熟的锦绣黄桃各指标都优于其他较高温度，可贮藏18天。陈杭君等研究不同贮藏温度对湖景蜜露水蜜桃贮藏生理及货架期品质的影响发现，湖景蜜露在0℃贮藏28天出库后，桃子果实在常温3天的货架期内，果肉可以正常软化，食用品质未发生明显劣变。

2. 冷激处理

20世纪70年代末，Ogatalll等研究发现用0℃的冰水或冷空气短时处理冷敏感果实，有助于延缓果实成熟，延长贮藏寿命，并首次将这种逆境的低温效应称为"冷激效应"，具有简单方便、节约成本、无污染等优点，桃果属于冷敏性果实，冷激处理非常适用于它的贮藏保鲜。陈留勇等将锦绣黄桃用0℃的冰水冷激处理30分钟发现，锦绣黄桃保持了较高硬度，果实软化速度延缓，多聚半乳糖醛酸酶活性、MD含量和电解质渗出率降低；熊兴森通过研究冷激处理对油桃冷藏保鲜及其生理生化变化的影响发现，冷激处理（冷空气和冰水）比对照组处理效果好，使秦光2号油桃在冷藏环境中贮藏期延长至60天且果实品质良好。

3. 热处理保鲜贮藏

Koukounaras等研究了不同参数的热处理强度、持续时间对鲜切桃品质的影响，发现在50℃时热处理10分钟对鲜切桃采后品质有明显的有益效果；Budde等也发现通过空气和浸入式热处理桃子，会降低总酸度和增加果肉和果皮中的色素，但浸泡热处理比空气处理温和，对桃子品质影响不大。

4. 真空保鲜贮藏

真空包装技术是现代包装保鲜贮藏的常用技术之一。Denoya等采用高压真空度处理鲜切桃，并用真空无氧包装贮藏，桃硬度变化小，鲜切桃的酶促褐变得到有效控制21天；俞琴用3种不同注入剂对锦绣黄桃施以不同的真空处理发现，6.65千帕的真空度可以保持黄桃的原有风味，改善锦绣黄桃解冻后的品质。

5. 减压贮藏

减压贮藏是一种特殊的气调贮藏方法。Wang等将水蜜桃置于4个不同压强条件下贮藏30天，发现10~20千帕减压条件增加了水蜜桃能量状态，增强了抗氧化能力，减少了膜损伤，使水蜜桃货架期延长。崔彦采用不同减压贮藏对大久保桃采后活性氧代谢及品质进行研究，发现减压处理的桃果的超氧阴离子的产生速率比常压对照组低，抑制了活性氧的积累，两次呼吸高峰和峰值都有延长和降低。

6. 气调贮藏

气调贮藏 MA 是当今国际上对果蔬保鲜贮藏的常用技术之一，也被认为是一种安全有效、环保无污染的保鲜贮藏技术，包括自发气调包装和人工气调。刘颖等在锦绣黄桃主动气调包装研究中发现，2%～3%氧气、2.5%～5%二氧化碳的气调贮藏比常温大气贮藏黄桃效果好，能有效保持桃果实的硬度，推迟乙烯释放高峰和呼吸高峰的出现及两峰高度，延长了保鲜期；邱晓亮证明了蟠桃经过气调贮藏后，贮藏时间比普通冷库贮藏、加乙烯吸收剂和不加乙烯吸收剂的 MA 贮藏时间多 7～14 天，贮藏效果好于其他 3 种贮藏方式。

7. 电子保鲜技术

电子保鲜技术包括辐照保鲜技术、高压静电场保鲜和电离保鲜技术等。Hussain 等将桃子在 1～2 千戈瑞的 γ 辐照剂量范围内处理后发现，经 γ 辐照处理的桃子在室温条件下贮存期为 6 天，冷冻条件贮藏期为 20 天；梁敏华采用低剂量短波紫外线 UV－C 处理玉露水蜜桃，可维持桃果实在整个贮藏期间较高的酚类物质含量和 DPPH 自由基清除能力，维持桃果较高的营养价值。

（二）化学保鲜

化学保鲜贮藏技术，一般是指采用化学保鲜剂对果蔬进行采后保鲜的重要处理手段。化学保鲜剂因使用方便、价格低廉，具有延缓果蔬衰老、防腐杀菌、降低呼吸强度和减缓水分蒸发等效果，在我国果蔬贮藏保鲜中被广泛推广使用。

1. 浸泡型保鲜剂

浸泡型保鲜剂主要是将保鲜剂稀释成水溶液，通过浸泡、喷洒等方式达到果蔬防腐保鲜的目的。陈留勇等将黄桃用 2%氯化钠浸泡处理后，分别在室温和冷库包装条件下贮藏 30 天，发现低温下浸钙处理可以明显地保持黄桃的品质。冉国栋将桃果用 200 毫克/升多菌灵进行浸果防腐处理，春雪桃、八月红品种在常温下分别可贮藏 27 天、25 天且品质良好。

2. 熏蒸保鲜剂

熏蒸保鲜剂是指室温下能够挥发，以气体形式抑制、杀死果蔬表面的病原微生物，对果蔬毒害作用较少的一类防腐剂，如仲丁胺、二氧化硫、1－甲基环丙烯（1-MCP）等。桃果实成熟过程中会不断释放乙烯，1-甲基环丙烯是乙烯受体的竞争性抑制剂，能够通过调节乙烯生物合成途径中 ACC 合成酶基因和 ACC 氧化酶基因，阻断乙烯的生成和生理作用，从而达到延缓果蔬成熟与衰老的效果。刘淑英等对秋蜜红桃果实进行 5 个不同 1-甲基环丙烯浓度的低温封闭熏蒸处理，研究发现，1.0 微升/升的 1-甲基环丙烯处理能够显著降低桃果实的乙烯释放速率和呼吸速率，保持桃果良好的营养价值。

3. 吸附型保鲜剂

吸附型保鲜剂主要通过清除果蔬贮藏环境中的乙烯，降低氧气含量或脱除过多的二氧化碳而抑制果蔬的后熟，以达到保鲜的目的，主要有乙烯吸收剂、吸氧剂和二氧化碳吸附剂。

（三）生物保鲜

生物贮藏保鲜技术是近年来发展起来的具有处理目标明确且贮藏环境小、贮藏条件易控制、处理费用低等特点，能够带来很大的社会经济效益和发展前景的贮藏保鲜技术。

1. 天然产物提取物

近年来，安全、绿色的保鲜措施在现代食品包装贮藏中越来越得到重视，提取动植物、微生物体内的组成成分或其二次代谢产物及生物体内源生理活性化合物，作为天然产物保鲜剂应用于果蔬保鲜也逐步得到发展。很多的中草药中含有抗菌、抑菌、防腐、杀虫的有效成分，朱江等人常温贮藏黄桃 8 天后发现，中草药复合保鲜剂涂抹的黄桃呼吸作用明显减弱，黄桃没有致病菌侵染，腐败率为 0；张绍珊采用茶多酚处理的蟠桃与对照组相比，维生素 C 的消耗和 MDA 的产生显著得到抑制，贮藏 21 天后蟠桃基本无氧化损伤，商品价值较高。

2. 生物酶制剂

生物酶是生物体内一类安全、无毒，具有高效性、专一性特殊催化功能的蛋白质。生物酶制剂通过对果蔬中的酶进行抑制，延缓氧化作用，或是杀死表面微生物，使某些酶失去生物活性，从而达到防腐保鲜的效果。溶菌酶具有杀菌效果，能够选择性地使细胞壁溶解，抑制致病微生物的生长；植酸是天然化工提取物，能够降低呼吸强度和氧化作用。李卉等用溶菌酶复合植酸的酶制剂喷洒水蜜桃，常温贮藏 14 天后发现，桃果实呼吸高峰推迟了 3～4 天，保持了桃果硬度和可溶性固形物含量，抑制了 PPO 活性，降低了果实褐变率，有效延长桃果实贮藏时间。

四、桃子加工

桃属于呼吸跃变型果实，采收期多集中在夏季高温高湿季节，由于采后的双呼吸高峰和乙烯释放高峰，后熟迅速，不耐贮运。在世界的产桃大国中，加工桃占有很大的比重，而我国桃以鲜食为主（约为80%），加工量仅占原料总产量的18%。目前，世界范围内桃加工产品主要是桃罐头，其次为桃（复合）汁（浆）、桃脯、桃酱、桃干、桃酒、桃醋等。

（一）蜜饯桃片

1. 工艺流程

桃子原料处理→浸泡→烫煮→糖渍→糖煮→成品

2. 操作方法

（1）原料处理。按100千克桃子加60克明矾的水溶液比例，将桃子浸泡和清洗。水量以浸没桃子为度。浸泡时不断搅拌，洗净桃果表面的绒毛和污物，捞起，沥干。用不锈钢刀沿果缝将桃子切成两半，将每块果肉纵向切成12毫米的薄片，切深至桃核，两端和两侧不切断，使桃肉薄片连在桃核上。

（2）浸泡。按每100千克水加石灰1千克，配制成石灰水溶液。然后倒入100千克桃片，搅拌后浸泡5小时，捞起，放入清水中漂洗，除尽石灰味，沥干，备用。

（3）烫煮。将石灰水浸泡过的桃片倒入沸水中烫煮3~4分钟。待果皮柔软变黄，捞起，倒入冷水中漂洗30分钟，取出，沥干备用。

（4）糖渍。每100千克桃片用白砂糖16千克，一层桃片一层糖放入糖渍缸中，上层糖多于下层糖。糖渍10小时，捞起，沥去糖液。

（5）糖煮。将糖液用纱布过滤，再加砂糖，其中一部分加到糖液中使糖液浓度提高到60%（用糖度计测定），其余的糖配成60%浓度的新糖液备用。先将桃片放在糖渍过的糖液内煮沸10分钟，然后加1/4的新糖液，以后每隔20分钟加1次新糖液，共加4次。最后撇去糖液上的泡沫和杂质。当糖液浓度达到80%、沸点上升到112~115℃时，捞出，装入缸内，冷却后包装。

（二）酸甜桃脯

1. 工艺流程

桃子去皮、核→烫漂→糖渍→糖煮→包装

2. 操作方法

（1）去皮、核。

①选择大小一致，接近成熟的鲜桃，先将桃子用刷子把毛刷掉，用流动清水冲洗干净，再用碱液去皮。

②在搪瓷桶内或专配的大砂锅中配制 14%～16% 的氢氧化钠溶液，将溶液加热至沸腾后放入一定数量的鲜桃果实，浸泡 40～60 秒，当果皮发黑时捞起放在竹筐中，并来回摆动，搓去果皮，然后用不锈钢刀沿果实的中线对半将桃果切开，挖去果核，同时用自来水冲洗（洗去果皮和残留碱液）。为防止氧化变色，应将切好的果实放入 1%～2% 的食盐溶液中保存。

③将冲洗过的果实放在 0.8% 的盐酸或 1.5%～2% 的柠檬酸溶液中进行中和。中和过的溶液应略呈酸性，但酸性过大，糖煮时形成的还原糖过多，果脯易吸湿、发黏；若呈碱性时，生产的果脯糖分易结晶，影响果脯的观感。

（2）烫漂、糖渍。将中和后的果实放入沸腾的清水中烫漂 2～3 分钟，紧接着应迅速用自来水将果实冷却，再将烫漂过的果实沥干水分，放在白砂糖（量为果重的 40%）中糖渍 24 小时（糖渍时白砂糖上、中、下层应按 5：3：2 的比例分布）。

（3）糖煮果肉。将糖渍好的桃果捞出，沥干糖液，在糖液中加入白砂糖（或用上锅剩余糖液），当浓度达 50% 时煮沸，加入糖渍过的桃果，煮沸 10 分钟后第一次加糖或糖液，数量约为果重的 16%。待煮沸 15 分钟后第二次加糖或糖液，数量约为果重的 15%，继续煮沸约 20 分钟，当糖液浓度达到 70%～75%，且掰开切缝看到果肉呈半透明状时，糖煮结束。

（4）干燥、包装。将糖煮好的桃果捞出，沥干糖液，放在竹筛网（或不锈钢网）上，送入烘房内干燥。干燥时应将前期温度控制在 50℃，待果实半干后，再将温度提高到 55～58℃，继续干燥 20 小时左右即可。干燥好的果脯要求外部不黏手，捏起来有弹性，此时应尽快包装，防止吸潮。包装材料可用食品袋或玻璃纸，包装规格应根据市场需求而定。

（三）金黄桃干

1. 工艺流程

桃子选择→熏硫→烘干→包装

2. 操作方法

（1）原料选择。选用肉色黄、香气浓、果形大、肉紧凑、果汁少、八九成熟的鲜桃。

（2）切片漂烫。先将桃子用刷子把毛刷掉，在流动清水下冲洗干净后用不锈钢刀沿果实的中线对半切开，挖去果核切片，然后将桃片在沸水中漂烫 5～10 分钟，捞起沥干。

（3）熏硫烘制。将桃的切面向上排列在果盘里熏硫 4～6 小时，每吨鲜果约需硫黄 3 千克。经熏硫的桃片要放在烈日下暴晒、翻动，当晒到六七成干时，移至阴凉处回软 2～3 日，再进行晾晒至含水量为 16% 左右为止。也可直接送入烘房烘干，控制温度在 60～65℃，相对湿度在 30%，干燥 15 小时。

（4）密闭包装。将合格桃片放在密闭贮藏室里贮藏一段时间，直至桃片水分分布均匀，质地柔软为止。最后用食品袋、纸箱包装。

（四）香甜桃糕

1. 工艺流程
原料配比→打浆→浓缩→凝固→成品

2. 操作方法

（1）原料配比。桃果 35%，花红果 10%，胡萝卜 12%，白砂糖 40%，食品级明胶 1%～2%，食用香精及防腐剂山梨酸盐适量。

（2）去核打浆。选八至九成熟的鲜桃、胡萝卜以个大、色红为佳。将鲜桃洗净去核，与花红、胡萝卜分别放入破碎机破碎或人工切碎，然后倒入筛板孔径为 0.8 毫米的打浆机中打浆，即得两种果的果浆和胡萝卜浆。同时，将明胶、香精等兑适量水加热溶化。

（3）蒸发浓缩。将 3 种浆料同溶化的明胶液、白砂糖一并倒入蒸锅内，添加约占桃果重 40% 的纯净水后，升温同时连续不停地充分搅拌，待浓缩至酱状，可溶性固形物达 65% 时停止加热。

（4）拌料凝固。将酱状料拌入食用香精、山梨酸盐溶液，出锅倒入长 100厘米、宽 50 厘米、高 30 厘米的木盘内凝固。为使糕体表面光滑，盘中应预先内衬一层干净的细纱布，待冷凝成固态的桃糕，用不锈钢刀切成商品规格的形状，即可用食品袋等密封包装。

（五）鲜桃果汁

1. 工艺流程
配料比例→预处理→打浆调味→均质→装罐

2. 操作方法

（1）配料比例。桃肉浆 100 千克，28％糖液 80 千克，柠檬酸 0.45 克，L-抗坏血酸 0.1 千克。

（2）原料预处理。选用完全成熟、无病虫害、品质好的新鲜桃果，用清水洗刷去毛，并冲洗干净后放在 1％盐酸溶液或洗涤剂溶液中漂洗，再放在清水中漂洗、沥干，人工或用切开挖核机进行挖核，然后放入 0.1％ L-抗坏血酸和柠檬酸的混合溶液中浸泡护色。

（3）打浆调味。将预处理后的果块在 90～95℃条件下加热 3～5 分钟，促使软化，然后通过孔径 0.5 毫米的打浆机打浆，除去果皮。为了增加风味需加砂糖、柠檬酸和 L-抗坏血酸等配料进行调整。

（4）均质脱气。为使果汁悬浮的果肉颗粒分裂成更小的微粒并能均匀地分散于果汁中，以增加果汁的稳定性，防止分层，生产上一般采用 130～160 千克/平方厘米的均质机进行均质。另外，由于果实在榨汁时机内进入氧、氮和二氧化碳等气体，其中氧气能引起维生素 C 和色素等物质氧化，使马口铁罐腐蚀，因此必须进行脱气，即将果汁装入真空容器内，使果汁呈微雾状喷出而脱气。真空容器内的真空度为 5.13～5.33 帕，温度低于 43℃。

（5）灌装冷却。将果汁加热至 95℃，维持 1 分钟，立即趁热灌装，旋紧瓶盖，并将瓶倒置 1 分钟。密封后迅速分段冷却至 38℃左右后入库储存。质量合格的果汁成品呈粉红色或黄褐色，允许带暗红色；液汁均匀混浊，长期静置后有微粒沉淀；具有桃汁风味，无异味；可溶性固形物达 10％～14％。

（六）速冻鲜桃

1. 工艺流程

成品挑选→清洗去核→冻前处理→冻结贮藏

2. 操作方法

（1）成品挑选。采摘已经成熟但又不过于熟，色、香、味已充分表现出来的鲜桃（也可对八九成熟桃进行催熟，待色泽鲜艳、风味浓郁时再加工）。

（2）清洗去核。将桃子按成熟度、品质、形态分级，然后用标准饮用水进行清洗。晾干后用不锈钢刀去核，并立即将果肉放入冷水中，以防变色。

（3）冻前处理。将冷水中的果肉捞出，在沸水中烫漂 2～5 分钟（或在蒸汽中蒸 7～8 分钟），马上放入冷水中冷却去桃皮。待充分冷却、沥干后装入防湿、气密性高的食品专用袋中。每个袋中装入 70％的果肉和 30％的糖汁（糖汁浓度为 60%，其中加入 0.1% 的 L-抗坏血酸，防止鲜冻时果肉褐变），将袋口密封。

（4）冻结贮藏。将经过冻前处理的桃块快速冻结，然后将冻结好的桃块送入冷藏库进行贮藏，冷藏温度要求达到 -20～-18℃，库温波动 1℃。

第四节 杧 果

一、概况

杧果又名檬果，是漆树科杧果属植物果实。杧果香味浓郁，汁多，果肉细腻软糯，甜而不腻，营养丰富，被誉为"热带水果之王"。我国的杧果有悠久的种植历史，自唐朝时从印度引进，至今已有 1300 多年的历史，主要分布于我国热带和亚热带地区。杧果富含维生素 C、β-胡萝卜素、氨基酸、蛋白质、多酚类等营养物质，还含有丰富的矿物质，如钙、钾、铁、硒等，能起到降血脂、预防心血管疾病的作用。其中 β-胡萝卜素的含量在各类水果中是最高的，且 β-胡萝卜素是维生素 A 的前体物质，因此杧果可以作为维生素 A 的极佳来源。中医角度认为，杧果性凉，可以养胃、止咳、化痰、防眩晕。

截至 2018 年，我国杧果种植面积为 18.6 万公顷，产量为 256 万吨，产量占全球杧果产量的 4.6%。我国的杧果产区主要有广西壮族自治区、海南省、广东省、四川攀枝花、福建省以及台湾地区南部，四川的杧果主要分布在攀西。攀西位于四川省西南，长江上游金沙江与雅砻江交界处的攀枝花市与凉山州。四川省杧果的主要种植范围包括攀枝花市仁和区、东区、西区、金阳、米易、盐边及凉山彝族自治州的安宁、宁南、会东、会理等地，主要栽培品种有圣心杧、椰香杧、凯特杧、台农 1 号等，是我国杧果的重要产区。攀西是四川省唯一的杧果生产区，杧果又是攀西重点开发的热带水果之一。该地区属于金沙江干热河谷晚熟杧果优势带，区域内截至 2020 年年底，种植总面积超过 4 万公顷，产量超过 25 万吨。其中攀枝花市的杧果规模大、发展快，在产业化水平、优良品种普及率、技术研究积累、品牌创建和市场开拓上都处于区域前列。攀枝花杧果在国内外均有较大的市场竞争力，并获得"攀枝花杧果"全国农产品地理标志，是我国重要的晚熟杧果产区。攀枝花杧果得天独厚的光热资源和土地资源，使其具有比其他地方更高的糖分、果酸和维生素含量，更甜、更有营养，加之地势高、温差大，杧果成熟时间一般在9—10 月，其时国内外市场上的杧果早已脱销，四川省晚熟杧果具有季节优势和市场优势。

二、杧果采后商品化处理

杧果在生长期就易受多种真菌的潜伏污染，造成果实采后易腐烂变质、贮藏期短、运输难等问题。杧果采收期短，采收时间又正逢高温潮湿季节。为保持杧果风味，提高商品率，延长贮藏期，并进入国际市场，必须对其进行商品化处理，根据"采收果实→选果洗果→贮前处理→分级→包装→预冷→贮藏→销售"的处理运输流程，进行合理的采后商品化处理。同时，选用适当的包装及运输方式，以辅助解决贮运保鲜问题。

（一）采收

采收是杧果栽培的最后一个环节，同时又是杧果成为商品的最初一环。适时、正确的采收是保证果实风味、贮藏性和商品质量的关键。确定采收成熟度及收获时间是极为重要的。采收成熟度都必须根据商品杧果的近销、远销或加工等具体情况来确定。通常，就近鲜销和加工果汁果浆等产品所需的杧果，在采后1～2天内即就地销出或加工的应当以成熟度高者为优，可采用九成熟的果实（成熟或充分成熟阶段）。要求贮藏或罐藏、糖藏加工的杧果，果实肉质必须坚密不软，具有杧果所固有的颜色、风味、香气，一般采用坚熟期的果实较为合理。若是为了远销防止杧果因长途运输而损坏，一般采用七八成熟的果实（绿熟至坚熟阶段）为宜，这样，果实在常温下经7～10天后熟便可达正常成熟所特有的品质和风味。

选择晴天进行采收。雨天采摘的果实不易保存，容易发生炭疽病、蒂腐病等病害。最佳采收时间为上午露水干后，否则露水会降低果实耐贮运能力，果柄流乳汁多。采收时要防止机械损伤。被撞伤和损伤的杧果会出现褐色和黑色斑点，引起生理病害，导致呼吸显著增加，贮藏期限缩短。采摘时，可以用剪刀将果实逐个连果柄剪下（最好能带2～3节果枝），保留1～2厘米果柄，以防乳胶汁流出，引起腐烂。但果柄不宜留得过长，否则会刺伤其他果子。高枝上的果实禁止用力摇落或用竹竿打落果实，可用带钩子或割刀的采收杆采收。采收中，果实要轻拿轻放。采收后应立即将果实送到贮存处理场所，不宜放在太阳下暴晒。盛果用的箩筐、木箱需用树叶、纸或塑料薄膜衬垫，以防竹木刺伤果实；也可用纸箱装果。若采收时乳胶汁溢出过多，应在8小时内用1％醋酸液洗净果面乳汁。

（二）清洗

采后处理主要包括洗果、挑选剔除虫害、伤烂果等。洗果的目的是去掉果实上黏附的污物、果柄溢汁和农药残留等。据试验，洗涤过的果实在贮藏中几乎没有真菌发生。洗时不得损伤果实，否则会因水分渗入和病菌的侵入使贮藏果实腐败率上升。清洗可用清水或漂白粉溶液洗去果实表面所黏灰尘、果汁及其他污物。用洗涤剂溶液洗后的果实，还需用清水冲洗。在清洗同时结合防腐杀菌处理，可以防止炭疽病、蒂腐病的发生。洗净后须将裂果、有孔果、畸形果、腐烂果、有机械创伤的果实选出，除去级外果，然后送去进行贮前处理。

（三）分级

杧果采摘后要尽早快将其放在阴凉处。避免因裂果、病虫害果、畸形果、过熟果、未成熟果、机械损伤果等影响到整批果实的保鲜效果。根据《国家杧果产业标准》（NY/T 492—2002），将其划分为优等品、一级果、二级果（表4-1）。

表4-1 杧果质量等级

等级	要求
优等品	有优良的质量，具有该品种固有的特性。无缺陷，但允许有不影响产品总体外观、质量、贮存性的表面疵点
一级果	有良好的质量，具有该品种的特性。允许有不影响产品总体外观、质量、贮存性的轻微表面缺陷；轻微的果形缺陷；对于A、B、C三个大小类别的杧果，机械伤、病虫害，斑痕等表面缺陷分别不超过3平方厘米、4平方厘米、5平方厘米
二级果	不符合优等品、一等品质量要求，但符合基本要求。允许有不影响基本质量、贮存性和外观的缺陷；果形缺陷；对于A、B、C三个大小类别的杧果，机械伤、病虫害、斑痕等表面缺陷分别不超过5平方厘米、6平方厘米、7平方厘米；一级和二级杧果中零散栓化和黄化面积不超过总面积的40%，且无坏死现象

注：1. 大小类别A为200～350克，B为351～550克，C为551～800克。

2. 每个包装中的杧果，果重最大允许差，三个类别分别为75克、100克、125克，最小的杧果不小于200克。

分级场所：场地应通风、防晒、防雨，干净整洁，没有异味物体，远离有毒有刺激性气味的物品。

场地与消毒：场地的地面、流水线、水池边缘、不合格果堆积处、场内转运工具及其他可能用到的工具，应在每天开工前后各消毒 1 次。可选用 50％多菌灵可湿性粉剂 500～800 倍液、70％硫菌灵 600～800 倍液、10％～15％的氯化钙溶液喷洒。

（四）包装与运输

远距离运输的绿熟杧果包装多为瓦楞纸箱。它重量轻，费用低。但有些类型的瓦楞纸箱会因吸水而降低强度，因此相对湿度高的地区，在贮库中堆积时，在有限的面积内堆码的高度会受限制；通常可用较硬的底板材料、内部分隔、特别的衬垫或用有双层外壁的套合箱来增加箱的强度。箱的强度和抗水性还可用树脂和石蜡涂被来增加。箱上需有一定数量的开孔，以保证通气性。有的国家也采用竹筐包装来保证通气性。近距离运输或当地销售的杧果，多为零售包装。

包装作业一般在包装间完成。分级后果实需套袋或包纸，并整齐地装入瓦楞纸箱中。装箱时注意每个箱果实数量相同，大小一致，重量相等，成熟度一致，以便于销售前的后熟处理。装箱操作完成后，杧果最好预冷一下，这对远距离运输大有好处。

杧果的运输方式，按运输距离长短，可分为公路、铁路、海路和空中运输。采用公路运输的杧果要求事先预冷，运输时间一般限在 5 小时内。铁路运输比公路运输容易安排制冷，所以需长时间长距离运输的杧果，多采用铁路运输，以保证在冷藏温度下顺利到达目的地。海运在国际贸易中有很大潜力，多采用集装箱形式实现。由于海运时间较长（一般 8～12 天），所以使用冷藏车与冷藏拖车更为合适；若采用起重机起吊冷藏车等，还可减少码头搬运作业，使杧果的撞损降低到最低限度。当然，冷藏车或冷藏拖车中冷藏温度一定要严格控制，防止杧果因温度过低而受冻，发生生理紊乱，造成不必要的腐损。空运是远距离运送易腐货物的最佳方式，多用来运输新鲜的高质量杧果，但运输费用高，目前尚未普遍采用。

无论采用上述哪种运输方式，都要求装卸车时轻搬轻放，尽量避免机械损伤。

三、杧果贮藏保鲜技术

大多数品种杧果的贮藏保鲜适宜温度为 10～13℃，相对湿度为 85％～90％，高于或低于这个范围均难以得到良好结果。贮藏温度超过这个范围，杧果的生理代谢能力较强，容易后熟而发黄，并容易腐败；温度太低，容易引起冷害，使表皮变色，无法进行正常的后熟，而且风味也不正常。杜果也可以用气调贮藏，但是由于不同的品种，其适宜的气体比例存在差异，至今尚未有商品化的储运。杜果是一种对乙烯浓度敏感的呼吸跃变型果实，通过添加乙烯吸收剂可以延长其贮藏期。

（一）物理方法

1. 低温贮藏

低温贮藏的基本原理是利用低温对果实的呼吸阻碍作用来推迟它的成熟，达到长期贮藏的目的。影响低温贮藏效果的因素很多，主要是果实的蒸腾性、果实的成熟度和杜果品种。

贮藏温度：温度是影响杜果生理代谢的最主要的外界因素之一。在一定范围内，降低温度可减弱呼吸作用，推迟呼吸高峰出现，延缓衰老。杜果低温贮藏最适温度因品种、成熟度、贮藏时间、贮前处理等条件的不同而有一定差异。国外有关杜果的冷冻试验结果显示，安美丽杜果的最佳贮藏温度为 12℃，随着时间的推移，其后熟的变化也会随着采收成熟度的不同而有所差别。佛罗里达杜果的最佳贮藏温度是 7℃ 左右，贮藏寿命为 2～3 周，并无冷害出现，但 3 周后腐败和软化便成为延长贮藏寿命的限制因素。凯特杜只有在 15.5℃ 左右贮藏最佳，3 周后果实品质依然很好，后熟效果也不错，而 Totapuri 杜果的理想贮藏温度为 5.6～7.2℃。应当特别注意的是，贮藏时温度的稳定性十分重要，一般最适贮藏温度上下波动的幅度不得超过 1～1.5℃。若超过适宜贮藏温度过多，就会使腐烂增多，过早进入衰老期；若低于适宜贮藏温度太多就有发生冷害的可能。

果实的蒸腾性：贮藏时，贮库的温度、空气流动、湿度、气压和化学物质等都是影响蒸腾失重的外界因素；其中以湿度和温度影响最大，果实的蒸发量与相对湿度成反比，而与蒸汽压力差成正比。因此抑制蒸腾以适当低温和高湿度为宜，而且采后果实需先行预冷，再行贮藏。果实蒸腾除外界因子作用外，还受其自身条件的控制。如杜果的种类、品种、成熟度、耐贮性等。一般说，贮藏性差、呼吸旺盛的品种蒸腾亦盛，果皮厚且蜡质多者蒸腾少；未成熟果较适度成熟果更易通过皮层蒸腾水汽损失重量。为了抑制贮藏果实水分过多损失，必须综合考虑上述因素及其相互影响，根据果实自身的具体条件，适当控制影响蒸腾的外界因素，采取防腐处理、涂蜡、套袋、化学处理、预冷及适度低温和高湿等措施来延长果实贮藏期。从国外杧果贮藏研究结果看，Dashe-hari 杧果用 6％的蜡乳剂浸果涂蜡后，在 5.5～7.2℃条件下贮藏，可减少失重和腐败，延长贮藏寿命；Langra 和 Dashehari 杧果经套袋预冷后，在温度 7℃左右，相对湿度 85％～90％条件下贮藏，可大大减少生理失重和冷害，推迟后熟，其贮藏寿命分别为 35～45 天和 25～35 天；贮藏结束后经催熟，适口性好，不影响糖分和可溶性固形物含量，仅胡萝卜素含量偏低。

果实的成熟度是影响杧果贮藏性能的关键因素之一。试验结果表明，成熟度越高的果实耐低温性能越强，而以绿熟果确定的安全贮藏温度下贮藏时，生理成熟阶段后期采收的果实，贮藏能力却有所下降。例如，成熟的 Haden 杧果贮藏温度低于 7℃时，贮藏寿命可长达 4 周之久，但高于 7℃时，贮藏寿命降至 1 周。绿熟和未熟 Haden 杧果则必须在 13℃以上温度（含 13℃）下贮藏，才能保证其后熟质量，贮藏寿命约 2 周。再如 Amelie 杧果在其安全温度（12℃）条件下贮藏，未熟果的贮藏能力高于生理成熟阶段后期时所采收的果实；未熟果在贮藏中也出现某种程度的后熟化，但果实仍坚硬，可溶性固形物含量及果皮与果肉颜色仅有轻微的转变，但总的来说后熟程度小，后熟品质较差。

杧果品种对贮藏效果有影响。不同品种所要求的理想安全低温贮藏温度不同，就是在同一低温贮藏温度下，不同品种的果实贮藏寿命和果实的品质变化程度也不同。印度在 10℃条件下贮藏 Malda、Malgoa 和 Neelum 杧果时发现，3 个品种的杧果生理失重均减少，低温贮藏后的呼吸跃变期的出现比室温贮藏推迟 20 天左右。其中 Malda 杧果贮藏 37 天后失重率为 6.8％，呼吸率从 30 天的 56.99 毫克二氧化碳/（千克·小时），降至 37 天的 38.77 毫克二氧化碳/（千克·小时），尚未大量出现冷害所造成的腐败；而 Malgoa 和 Neelum 杧果贮藏 30 天后，失重率分别为 7.56％和 6.17％，呼吸率分别为 48.49 毫克二氧化碳/（千克·小时）和 50.61 毫克二氧化碳/（千克·小时）也未见大量因冷害所造成的腐败。3 种杧果在贮藏期间可溶性固形物和胡萝卜素的增加缓慢，总酸和的含量下降也很慢，贮后品质很好。

低温贮藏是目前长期贮藏杧果的最有效方法之一。它在长时间海运或来不及加工暂存的情况下具有重要的实践意义。

2. 气调贮藏

杧果是具有呼吸高峰期的水果，可采用调节贮藏期间氧气和二氧化碳浓度的比例来延缓果实的衰老。就目前世界各国对杧果气调贮藏方面的研究实践来看，除美国佛罗里达州的 Keit 杧果和印度的 Alphonso 和 Pairi 杧果被建议用于商业规模的气调贮藏外，其他杧果的气调贮藏尚处于试验阶段。

研究表明，Keit 杧果在 13℃、5％二氧化碳、5％氧气的气体环境中保存，最长可达 20 天；在 8～10℃，7.5％二氧化碳、5％氧气的气体环境中，Alphonso 杧果可以保存 35 天；Raspuri 杧果可在 5.5～7.2℃，7.5％二氧化碳，保存 49 天，然后放入正常环境中 3 天即可达到正常成熟；菲律宾杧果贮藏温度 10℃、5％二氧化碳、5％氧气、10℃下可贮藏 40～45 天；秋杧果在 10～13℃，2.5％～10％二氧化碳、3％～5％氧气的气体环境下贮藏 39 天，好果率为 57％；桂香杧、绿皮杧在 10～12℃、3％～5％氧气、2.5％～10％二氧化碳条件下可贮藏 39 天，但贮藏果实移到空气中会迅速腐烂，效果不佳，有待进一步试验。

3. 减压贮藏

减压贮藏是采用减压装置使贮藏室在保持减压的条件下使室内空气不断流动，排出贮藏果实所生成的乙烯，从而减少氧气含量，达到抑制果实呼吸和延长贮藏寿命的目的。

翁建淋利用台农 1 号进行了减压冷藏试验，以 10 千帕、20 千帕、30 千帕 3 种不同的压力条件，进行了低温贮藏实验。研究了减压冷藏处理对杧果果实贮藏质量及抗氧化能力的影响。研究表明，减压冷藏可以显著地延缓水果中的可滴定酸、维生素 C 和可溶性固形物含量的降低，能有效地维持其自身的硬度，并能很好地抑制杧果的黄化和提高膜透性。结果表明，在 3 种不同的压力条件下，杧果的保鲜率在 10 千帕、20 千帕时显著高于 30 千帕，10 千帕时，转黄指数较低，硬度较高，20 千帕时，维生素 C、有机酸等营养成分的保存情况较好。在实际应用中，考虑了果实的贮藏效果和贮藏成本，20 千帕的压力更适合于杧果的贮藏。在减压冷藏下，水果过氧化物酶（POD）、SOD 和多酚氧化酶（PPO）的活力被提高，从而加快了果实的衰老。

4. 通风库贮藏和室温贮藏

除上述几种贮藏方法外，通风库贮藏和常温贮藏也同样重要。通风库贮藏通常是将采收的果实放在阴凉通风处散热，然后放入垫有稻草、纸屑、杧果叶、山草、松毛等的竹筐内。通风库内温度保持在 10℃左右，可延长杧果后熟过程。在近距离销售、短途运输等情况下，可以采用常温贮存，但易变质的杧果不易长期存放；通常与防腐、防失重、预冷技术等联合应用，可以延长贮藏时间。用苯菌灵热水浸果处理的秋杧，经单果套袋（聚乙烯薄膜），在常温下贮存 8 天，其失重率分别为 4.04% 和 0.57%；吕宋杧热化套袋后的失重率为 5.1%，烂果率为 3.46%。室温下经 11 天贮运后，这两个品种的杧果外表光滑，风味正常，无异味。留香杧、青皮杧和吕宋杧用 500 毫克/千克苯菌灵热水浸果，以防止炭疽病的发生。果实消毒处理后晾干套袋，常温（29±1.9）℃下贮藏，保鲜期 10~15 天，病害防效达 95.2%~100%，既可防腐又可延迟后熟，果实能保持原有色泽风味及果肉质地。Dusehri 杧果涂蜡（含杀菌剂）并用除玻璃纸外的任一种包果材料套袋或包果，在 34℃下贮藏保鲜 14 天。

常温贮藏和通风贮藏均属简易保鲜杧果的方法，不仅对短途贮运、近距离销售有效，对加工前暂存杧果原料也很有价值。

5. 热处理

热水处理：是一种热处理方式，指在采集后 24 小时内，将新鲜杧果放入 47~55℃ 的水中，使其保持 5 分钟至 20 分钟，以杀死果实中的有害生物，减少其腐败率。热水处理方式主要有两种：①浸果式处理。将水温调至比适宜处理温度高 1~2℃，用处理筐装载果实浸入热水中，并使水温稳定至处理温度，从浸果开始计时，浸果时间为适宜处理时间。②传送式处理。将处理池中的水温调至适宜处理温度，果实通过传送依次浸入热水中，并使水温稳定至处理温度，从浸果开始计时，至果实传出热水处理池的时间为适宜处理时间。

利用冷水及强风对果实进行降温干燥，30 分钟内使果心温度低于 30℃。在常温下，在 6 小时之内将果心温度降低到室温；在低温贮藏条件下，12 小时内，果心温度下降到 13~15℃。

热水处理最大的问题是：剥去杧果表层的天然蜡膜，提高了细胞壁的透气性，加速了空气的交换，从而使果实提前后熟，增加了果实的生理失重，因此，采用热水处理时，要结合涂蜡、化学处理等工艺，以达到较好的保鲜效果。

6. 辐射处理

辐射处理对杀灭果蝇和果核象都有效，也有延迟杧果成熟、果皮转色的作用。目前已有南非、墨西哥等国家和地区采用辐射处理杧果。

常用于杧果辐射处理的辐射源主要有三种：γ-辐射源、电子束和电子转换的 X-射线。辐射的剂量一般以 0.10~0.75 千戈瑞为准，但也有辐射处理剂量高达 3 千戈瑞的，不过辐射剂量超过 1.5 千戈瑞时，被处理杧果的代谢和内部成分可能发生变化，多酚氧化酶活性增强，果实组织变黑，果皮褐变皱缩，品质恶变，且在贮藏期间维生素 C 含量发生变化。

（二）化学方法

1. 化学处理

化学处理是杧果贮前处理中辅助延长贮藏寿命的一种方法。使用该法时可利用激素延长果实的后熟时间，利用浸钙增加果实硬度，使绿熟果实经过长时间贮藏保鲜，依然具有可观的商品价值。

化学处理的主要目的是调节果实成熟度，推迟其软化时间。所用的化学药剂主要是赤霉素（GA3）、对盖烯（VG）、乙烯化氧、钙等。鉴于赤霉素和对盖烯处理杧果，使其延迟后熟的作用机理不同，将赤霉素和对盖烯配制成混合液浸果，利用对盖烯在果皮上所形成的膜衣，进一步加强赤霉素的作用，可获得更好的贮藏效果，一般在 15℃下贮藏 20 天。用乙烯化氧处理杧果的作用是延迟后熟。据报道，用 32 毫克的乙烯化氧处理 Alphonso 杧果后，经 16 天室温贮藏，果皮呈金黄色，味道稍酸，风味好，质地硬。若用含有乙烯化氧的杀菌剂处理杧果，可贮藏 20 天，腐败推迟且大大减少，果实 100％成熟。

钙化物具有保持果实硬度、降低果实呼吸强度、抑制衰老、减少乙烯释放，减轻贮藏腐败的作用。浸钙可使果实内钙含量增加，果实变硬。印度采用 6％的氯化钙冷液浸泡温差法对杧果进行硬化处理，结果表明，经钙处理后的杧果能延缓果皮的变色和软化，14 天后不起皱，外形美观，硬度不变，但贮藏后期的果实总重量下降。若用真空浸渗法处理果实，氯化钙的安全浓度为 4％，可将成熟期延长到 20～22 天，果实品质尚好。氯化钙浓度与延迟程度有显著的关系，但浓度不能太高，否则会导致果实损伤，进而引起二次感染。

2. 杀菌剂

在温水中加入苯菌灵、涕必灵等杀菌剂浸果，具有较好的防腐作用。通常可以使用特克多 1 000 毫克/升，施保克 250～500 毫克/升。另外，用 52～54℃的温水浸泡 5～10 分钟，可以降低杧果炭疽病的发病率。但必须指出的是，该方法对杧果蒂腐病的防治作用不大。为了降低蒂腐病的发生，应从加强采收前的栽培和防治方面入手。

（三）生物方法

1. 生物涂膜

江敏等研究了采用涂膜的方式对象牙杧果进行贮藏保鲜效果的影响，采用高良姜提取物，海藻酸钠为主要原料，在 28～30℃、85％～90％湿度环境中进行涂膜。结果显示，高良姜提取物和海藻酸钠混合液对杧果的保鲜作用优于空白组。用高良姜提取物和海藻酸钠复合溶剂涂膜，在室温下保鲜 10 天，其失重率 11.13％，好果率 87.5％，维生素 C 含量 11.64 毫克/100 克，可溶性固形物为 20％，可滴定酸含量为 0.448％。

2. 壳聚糖涂膜

王香爱等研究了采用壳聚糖季铵盐配制的涂膜溶液对杧果保鲜效果的影响。结果表明：壳聚糖季铵盐涂膜液浓度为 0.5％、pH5.5、浸泡 150 秒、室温 26～30℃的条件下，杧果可稳定贮藏 18 天，与对照组相比，杧果最佳食用期内失重率为 1.80％～3.07％，可溶性固形物含量为 17.8％～22.7％，能明显延缓水分散失和可溶性固形物的减少，并且颜色鲜亮、口感甘甜。使杧果的保质期更长，质量更好。洪克前等以壳聚糖为主要原料配制而成的 1.0％壳聚糖溶液作为涂膜剂，探索了台农 1 号杧果在常温（28～30℃）贮藏条件下果实贮藏保鲜效果的影响。研究显示，经 1.0％的壳聚糖配制溶液涂膜处理后起到了较好的保鲜效果。

四、杧果加工

杧果采后易腐烂，不易贮藏运输，加上采收期较集中，造成鲜果销售困难。其最好的出路是加工，制成杧果制品。目前，国内外市场上主要的杧果制品有原浆（汁）、果汁饮料、蜜饯、罐头、果酱、冷冻杧果等，其中杧果原浆、浓缩果汁和果汁饮料是目前市面上产量最大的杧果加工产品。

（一）杧果原浆

杧果原浆是目前国际市场上需求量最大的杧果制品之一。是成熟杧果打浆、杀菌、包装后的浆状半成品，可再加工成饮料、果酱、果冻、果汁冰激凌等。

1. 工艺流程

原料挑选→清洗→热烫去皮→打浆→粗滤→杀菌、冷却→包装→贮存

2. 操作方法

（1）选料。制造杧果浆的原料主要是含有纤维质果肉的酸味略重的廉价品种，它们不太适于食用。原料要经过挑选，只有成熟的果实才可使用，过熟的、受到损伤的和腐败的必须剔除，未成熟的果实要贮存到完全成熟才可使用。

（2）清洗、剥皮。杧果要用流动水彻底清洗干净。再经热烫处理后进行人工剥皮。常用的热烫剥皮工艺是把果实在 90℃ 左右的热水中浸泡约 5 分钟，或将果实用蒸汽处理 3 分钟左右，然后进行人工剥皮。

（3）打浆。剥皮后的杧果用打浆机打浆取汁，而果核随果渣一起从打浆机的末端排出。杧果的出浆率与果皮厚度和果核大小有关，一般为果实重的 70% 左右。

（4）杀菌和包装。将杧果浆放入板式换热器（或夹层锅）中，加热至 95℃，并保持 2 分钟以杀菌和钝化酶的活性。趁热，灌入 15 升 HDPE 塑料罐，10 千克马口铁罐等大包装容器进行灌装密封，并快速冷却。

（5）贮存：冷冻后的杧果浆液，在 0～4℃ 的冷柜内贮藏。冷冻保存温度为 -23～-18℃，以确保产品的品质和保质期。

（二）杧果汁饮料

目前，市面上的杧果果汁主要是以杧果原浆为原料生产。当今世界最受欢迎的杧果果汁饮料，其原果浆含量为 20%～30%，糖分为 12%～15%，酸度为 0.20%～0.25%，pH 为 3.5。国内销售的原果浆含量在 10%～20% 之间。

1. 工艺流程

杧果原浆→过滤→调配→均质脱气→消毒杀菌→灌装→封口→二次杀菌→冷却→成品

2. 操作方法

产品配方：

a. 杧果原浆 15%、糖 13%、酸 0.20%、混合稳定剂 0.1%（含 0.07% 的羧甲基纤维素钠、0.03% 的黄原胶）、异维生素 C（抗氧化剂）0.03%、杧果香精 0.05%～0.1%。

b. 杧果原浆 25%、糖 14%、酸 0.25%、添加剂同配方 a。

（1）调配。设杧果原浆含糖（可溶性固形物）为 15%、含酸为 0.6%。以生产 100 千克饮料计，则配方 a 原辅材料及添加剂用量依次为：

杜果原浆 $15\% \times 100 = 15$（千克），其中含糖量 $= 15 \times 15\% = 2.25$（千克）；含酸量 $= 15 \times 0.6\% = 90$（克）。

成品含糖 $= 100 \times 13\% = 13$（千克）；含酸 $= 100 \times 0.2\% = 200$（克）。则需补加糖 $= 13 - 2.25 \approx 11$（千克）；补加酸 $= 200 - 90 = 110$（克）。

其他添加剂：

稳定剂：羧甲基纤维素钠 $0.07\% \times 100 = 70$（克）；黄原胶 $0.03\% \times 100 = 30$（克）。

异维生素 C：$0.03\% \times 100$ 千克 $= 30$ 克。

杜果香精：$0.10\% \times 100$ 千克 $= 100$ 毫升

配方 b 原辅材料及添加剂用量依次为（计算方法同配方 a）：杜果原浆 25 千克；补加糖 10.3 千克；补加酸 100 克；稳定剂和异维生素 C 同配方 a；杜果香精 50 毫升。

把杜果原浆（经 60 目尼龙布过滤）、糖液（加热溶解经 100 目尼龙布过滤）、柠檬酸（用冷水溶解经 100 目尼龙布过滤）、稳定剂（加少量蔗糖拌和用温水溶解经 60 目尼龙布过滤）以及异维生素 C、杜果香精等依次加入调配缸，加入经过滤器过滤的软化水至 100 千克，充分搅拌均匀。

（2）均质脱气。饮料经均质处理，压力为 20 兆帕，均质后的饮料立即用泵输送到真空脱气机脱气，真空度为 0.05 兆帕。杀菌脱气后的饮料经板式热交换器加热至 80℃。

（3）灌装、封口。灌装用 200 毫升玻璃瓶或 250 毫升易拉罐，空罐预先清洗消毒，玻璃瓶要预热，以免爆裂。灌装后立即用压瓶机或封罐机封口。

（4）杀菌及冷却：封口后立即用沸水杀菌，杀菌式为 5～10 秒/90～100℃。杀菌终了立即冷却。玻璃瓶要分段冷却。

（三）杜果酱

1. 工艺流程

选料→去皮、去核、打浆→预煮→配料→加热浓缩→灌装和密封→杀菌冷却→成品

2. 操作方法

（1）原料选择和加工。杜果酱可以选择半成品的杜果浆，也可以选择新鲜成熟，香味浓郁，含 1% 左右的果胶。成熟度高的杜果，其果实中的果胶和酸度均较低；成熟度过低，色香味不佳，不易打浆。

（2）打浆。将杧果洗净，去皮，去核，用打浆机把杧果打成浆。还可以采用半成品杧果原浆。

（3）预煮。将杧果浆放在夹层锅中，煮沸10分钟。预煮法主要是通过破坏酶的活性，促进果胶的溶出，增加果胶的含量，并将水分蒸发。注意：在加热过程中要不停地搅拌，以保证果胶充分溶出，避免烧焦。

（4）配料。按照产品标准规定，加入原料，通常是1∶1的果浆和糖。果胶和酸的比例要适当。果胶含量为1%，酸度为1%。低糖果酱和糖分的比例是1∶0.5。

（5）加热浓缩。该阶段通过加热、搅拌将果浆中大量的水分排出，使糖、果胶、柠檬酸等配料与果浆充分混合，从而提高浆液的组织状态及风味，同时杀菌和钝化酶的活性，对产品的贮存也有一定的帮助。当浆液中的固体含量达到65%时，煮制完成。若产品香气不足，可在制作完成后装罐之前加入少量的杧果香精。

（6）装罐密封及灭菌冷却。杧果酱所用包装容器主要有马口铁罐、四旋玻璃瓶、塑料杯等。装罐前容器要先消毒（预热），沥干水分。果酱在加热过程中也起到了杀菌作用，酱体出锅后，趁热快速装瓶封口，封口温度要在80～90℃以上，利用酱的余热达到后杀菌的目的。为保证安全，可密封后趁热在沸水中杀菌5～15分钟。杀菌后的温度要降到38～40℃，玻璃瓶要分段降温，温度相差不能大于20℃。

（四）杧果罐头

1. 工艺流程

原料选择→预处理→装罐→封罐→杀菌、冷却→成品

2. 操作方法

（1）原料选择。杧果生长后期落果严重，宜对提早采收再经后熟的杧果进行加工。

（2）预处理。按果实大小、成熟度、颜色等进行分类，并将其洗净。用刀子把果皮刮掉，把果面刮得平滑，按照颜色金黄、黄色、淡黄等分开摆放。把果实沿着果核的方向切开2～4块，然后马上用0.5%的石灰水浸泡8～12分钟，进行护色、硬化和酸处理。在装瓶之前，应将水果片用清水彻底冲洗干净，直至无石灰味道（如果原料的酸性很小，无须使用石灰水）。

（3）切片。果片按果肉颜色分金黄、黄、淡黄3种，切削必须良好，无斑

点、虫伤、机械伤、无伤烂。

（4）装罐。360 克的果片放入预先清洁、消毒过的空罐内，在装罐时注意，同一罐中果片颜色深浅、大小均匀一致，然后加入 80℃以上 18%糖水约 200 克，控制重量为 560 克。

（5）封罐。密封容器的中心温度不能低于 80℃，真空容器的真空度应为 0.03 兆帕。

（6）杀菌、冷却。杀菌公式为 5′- 18′- 5′/100℃。杀菌后分段冷却到 40℃以下。

（五）冷冻杧果

1. 工艺流程

原料选择→清洗、脱皮、切片→糖渍→包装→速冻→冻藏

2. 操作方法

（1）选料切片。杧果块的原料可以选择具有良好的可食用成熟的果实，去除腐烂的果皮和病斑。不熟的水果要经过催熟。把杧果用清水冲洗干净，剥去表皮，切成 2 厘米宽、0.6 厘米厚的薄片或 1 立方厘米左右的块。

（2）糖渍。用 35%的糖浆浸泡杧果片，以 1∶1 的比例浸泡。在糖浆中添加 0.5%的柠檬酸、0.3%的异维生素 C、0.2%的氯化钙可以增强糖浆的护色作用。

（3）包装。浸泡 24～48 小时后，将杧果片放入一个聚乙烯盘或袋子内，按照 3∶1 的比例将其浸透，然后将其密封。采用真空密封设备进行密封。

（4）速冻。将包装好的杧果片置于冰箱冷藏，约 0℃，再进行快速冷冻，冷冻温度为－40～－35℃，中间温度迅速下降到－15℃，并尽量在最短的时间内完成，确保果肉在原地凝结成微小的冰晶，同时不会对其组织造成损伤，从而降低解冻后的营养损失。

（5）冻藏。冷冻后的制品，经包装后，将其放入冷冻室，冷藏温度为－18℃ 或以下。在冷藏期间，要保证气温和相对湿度的稳定。

（六）杧果脯

1. 工艺流程

原料选择→去皮切片去核→护色、硬化处理→预煮→糖渍→烘干→成品→包装

2. 操作方法

（1）原料选择。成熟度在八九成，切勿太熟。选新鲜、果肉纤细、结构紧密的杧果。杧果脯不宜用太熟的杧果，太熟的只能用来制作杧果酱或杧果汁。

去皮、切片：将原料果清洗干净，剥皮后，用尖刀沿着果核的方向斜切，果肉的大小和厚度尽量均匀，厚度为0.8厘米。

（2）护色、硬化处理。以0.1％二氯化钙、0.1％亚硫酸氢钠为原料，将杧果片浸泡于水溶液中8小时。取出，用清水冲洗，滤去水分，以备预煮。

（3）预煮。将原料倒入开水中煮沸2～3分钟，直至原料变得半透明，并开始下沉。热烫后立即取出，放入凉水中，避免过热。

（4）糖渍。若预先将原料预煮，则可将预煮后的原料趁热放入30％冷糖液进行冷却及糖渍。若未预煮，先加30％糖浆，煮1～3分钟，直至果肉变软。糖渍8～24小时后，取出糖浆，加入糖液重量10％～15％的蔗糖，加热至沸腾后，加入原料，继续进行糖渍。经过多次渗糖，原料的含糖量达到50％。采用淀粉糖代替45％的蔗糖，可以减少杧果干的甜味，同时也能充分吸收糖分，并具有较好的口感。

（5）烘干。将杧果块糖渍至所需糖分后，捞出，滤去糖液，可用热水冲洗，以冲洗表面糖浆，降低黏性，便于干燥。在此过程中，温度控制在60～65℃，再进行换筛、翻转、回湿等操作。

（6）整装。成品杧果干水分含量在18％～20％。在达到烘干条件后，进行回软包装。在烘干时，果实会发生变形，烘干后必须进行平整。产品以防潮、防霉为主要内容，以50克、100克等的复合塑料薄膜作为零售包装。

第五节 李 子

一、概况

李子又名布霖、玉皇李、山李子，为蔷薇科李属多年生落叶果树的果实。我国大部分地区均有栽种，李子花期是3—4月，果实成熟期是6—9月。我国李子品种众多，果皮也呈现出黄、青、红、紫、黑等多种颜色，果肉颜色多为黄色或红色。核果呈球形、卵球形或近圆锥形。李子饱满、圆润、晶莹剔透、颜色鲜艳、营养丰富、酸甜适度，是深受广大消费者青睐的传统水果。李子具有很高的药用和食用价值。李子中含有丰富的营养成分，有保养肝脏、促进血液循环、增白皮肤的功效，李子中的抗氧化成分含量高，被誉为抗衰老、抗疾病的"超级水果"。中医认为，李子味甘酸、性凉，可清肝热、生津液、利尿，对胃阴不足、口干渴、大腹水肿、小便不利等病症有很好的疗效。

我国种植李子至今已有3500年的历史，各地栽培面积极其广泛，仅我国就有800多个品种和类型，并保存有300多个李子资源，其种植面积和产量都在成倍的增长，有"五果之首"的称号，是重要温带果树之一。我国是李子主产国，种植面积较大的省份有广东省、广西壮族自治区、福建省、河北省、辽宁省、四川省。四川省李子产地主要有阿坝州、广元、简阳、汉源、汶川、邛崃、达州、宜宾、大邑等地。四川省各产地种植的李子品种，包含金凤凰李，冰糖李，脆黄李，脆红李，青脆李，黑宝石李等。

2016年的统计显示，目前34个省份都有栽培李子，全国共栽培了2 850万亩，产量649万吨，占水果总产量的4%，根据世界粮食及农业组织的数据，2017年，中国有198.7万公顷的李树，占全球李子种植面积的75.8%，产量达680.4万吨，占全球总量的57.8%，位居世界首位，四川省李子产量位居全国前列。作为四川省重要的伏季水果，李子产业发展的特点是：种植面积大，产量增长快，产业产值和农民收入增长快，良种化水平明显提高。到2020年末，四川省的李树种植面积已经达到99.6万亩，其种植面积和产量位居全国第4，仅次于广东省、广西壮族自治区、福建省。阿坝州是四川省李子主产地，阿坝州李子种植面积达15.02万亩，年产量13.62万吨，主要种植在汶川、理县、茂县、松潘、九寨沟、黑水、金川、马尔康，其中青脆李、脆红李是阿坝州的特色果树产业。脆李是四川省的特色水果，而阿坝州是四川省和西南地区李子的主要产地。阿坝州独特的地理、小气候、特殊的土壤等自然条件，为山区特色水果产业发展提供了得天独厚的优势及潜力。阿坝州出产的李子，其外观商品性好，含糖率高于平原地区 2%～5%，其肉脆、耐贮藏、病虫害少、果品品质优良。

二、李子采后商品化处理

（一）采收

李子采收质量与果实的产量和品质有着密切关系。李果的采收期因品种和用途不同而有差异。李子成熟度一般依据果皮颜色变化来定。红色品种果面 4/5 以上着色时为完熟期（九成熟），果面 1/3～1/2 上色为硬熟期（七八成熟）；黄色品种果面由绿色完全转为淡黄色时为完熟期，果面退绿转白为硬熟期。供新鲜销售的水果应在完熟期采摘，用于贮藏或远距离运输的应在硬熟期采收。采摘过早，果实外观不美，风味欠佳；采摘过晚，果实变软，不耐贮运。若李子果皮颜色过浓，也可根据果实发育期来确定成熟度。

同一株树，李果成熟有早有晚，应分批采摘。采摘时间应在早上露水消失后或傍晚气温较低时进行。采摘时连果柄摘下，尽量保存果粉，以提高耐贮性和保持较高的商品性。采收时用人工手摘，轻拿轻放，装入果箱内，果箱容器不宜过大或过高，每箱装 5～10 千克为宜。

（二）清洗

李子采摘后要不要清理，要看具体的条件。上市的新鲜水果，不需要经过清洗，可以直接销售。清洗能去除果皮上的污垢和药物残留，使果实温度下降。清洁可与杀菌防腐相结合。采用 500～1 000 倍托布津、1 000 倍苯莱特、多菌灵等药剂浸泡，对青霉病、炭疽病有较好的防治作用。

（三）分级

水果分级标准，常根据果实种类、品种以及销售对象不同，标准也会不同。预先剔除受病虫害侵染、受机械损伤以及成熟度过高或过低的次果，在此基础上按果实的果形、大小、色泽、新鲜度、品质等方面分级。水果分级的目标是实现水果商品标准化，对不同等级水果进行合理利用，从而获得最大的经济效益。鲜食用李子应在采后分级包装。包装盒以 0.5～1 千克装为宜。李果 4 级按每个质量可分为：特级果 80 克以上，1 级果 60～80 克，2 级果 40～60 克，3 级果 30～40 克，等外果 30 克以下。分级后的水果才能按级别定价格，同时便于收购、包装、贮运和销售。

（四）包装与运输

在水果的运输、贮藏、流通、销售等环节中，包装是保障水果安全运输和贮藏的关键环节。同时，包装也能减少水分蒸发，维持果实的品质。果实自身质量好，包装得当，可增加其在市场上的竞争优势。包装按用途分类，可划分为：贮存、运输、销售、内外包装、原产地及消费包装。通常分为内外包装两类。①内包装：一般为衬垫、浅盘及各类塑料包装薄膜、包装纸、塑料盒子等。②外包装：包括筐、木箱、瓦楞纸箱、泡沫保温箱、塑料箱等。内包装平整、光滑，不会刮花果实。外包装必须牢固、防水。包装要无异味、无毒性、外形美观，令顾客喜爱。为避免因机械或挤压而损坏李子，应以浅盘或小塑料盒子或小筐包装，每盒或每盘装 2～3 千克，然后将其装入果箱，每箱 3 层，约 6～12 千克。

运输前，应对李子进行降温处理。李子多成熟于高温高湿的季节，果实摘下时温度很高，可以通过自然的低温来降温。①早晨采摘。②下午 4 时或 5 时后采摘，将果实置于阴凉处过 1 夜，第 2 天早上装运。③把果实放在空房、地窖、树荫等阴凉处。

常规的预冷方式有强制风冷、水冷和仓库冷却 3 种。如有冷藏设备，则在收获后立即进行低温处理，使果实温度降低至适宜的贮存温度，从而延长其贮存期。通常使用 0.5～1℃ 的冷水进行降温，经预冷后，立即运至贮藏处或送去运输。用于贮藏的李子，在采收当日，必须入库进行冷藏（不超过 12 个小时）。用于远距离运输的李子，在运输前必须先预冷。果品温度降到 0～1℃（通常需要 24～36 个小时），才能入贮或外运。短途运输的气温不宜高于 10℃，长途运输应低于 5℃ 以下。

运输时应遵循"快装快运，轻装轻卸，低温运输"的原则。

三、李子贮藏保鲜技术

目前，国内外贮藏保鲜李子，普遍采用低温、变温、气调、减压、钙处理、1-甲基环丙烯处理、生物保鲜等工艺。目前市场上普遍采用的是低温冷藏技术，但单一的低温保存效果有限，所以在适当的低温环境下，可以采取多种措施，以延长李子的贮藏时间，提高其贮藏性能。

（一）物理方法

1. 低温贮藏

在贮藏期间，果实的生长代谢速率常与温度相关。低温贮藏是当前普遍采用的一种贮藏方式。适当的低温处理能有效地抑制细菌的生长，延缓果实硬度下降的时间，从而延长果实的成熟。同时，低温贮藏能明显降低果实中的脂氧合酶活力和乙烯释放量。一般来说，贮藏温度 0～3℃、湿度 85%～90%，在低温下保存，要尽可能地使其降温。不同品种李子的贮藏温度有差异，冰脆李、黑琥珀、安哥诺李等 0～2℃时保存效果最好，黑宝石李的贮藏温度为 −0.7℃，而芙蓉李则能在 2～5℃时维持较低的保护酶活力，延缓了李子的成熟老化。

2. 变温贮藏

变温贮藏是一种比较安全的物理保鲜方式，通过预冷/冷击处理、贮前热处理、变温贮藏等措施，可以有效地抑制李果的冻害，使其不受冷冲击，提高耐寒能力，延缓酸含量降低，保持硬度，延长贮藏期。王艳颖等人的研究结果显示，香蕉李在 0℃低温下，每 10 天间歇加热至 18℃时，可提高其保护酶活力、抑制活性氧的积累、降低膜质过氧化、延缓冷害发生、维持水果的良好营养品质。

3. 气调贮藏

气调贮藏可以降低李子的呼吸强度及乙烯的合成速度，抑制果实采后品质下降，延长贮藏期。

（1）自发气调贮藏。采用 PE、PVC、保鲜袋等与乙烯脱除剂、保鲜剂等进行包装，以确保袋中的气体成分自然变化，达到平衡，具备气调储存的作用，而且成本低，操作简便。李子在 0℃、90%～95%相对湿度、3%二氧化碳、94%氮气的条件下进行贮藏，有良好的保鲜效果。

（2）气调库贮藏。气调库对李果的气体组成进行精确的控制，其作用更加显著，在贮藏期间，应对其品质进行全面的检测，对腐败的果实进行处理。王华瑞等发现，当氧气体积分数≥2%，二氧化碳体积分数≤5%的情况下，黑宝石李可以冷藏 3 个月，出库时的好果率≥85%，腐败率≤10%，色泽和风味正常。气调贮藏能明显抑制李子果皮底色退绿转红、酸度下降、果实腐败、变软及可溶性固形物的降低等。

4. 减压处理

减压贮藏，也叫低压贮藏，是 1957 年由 Workman 和 Hummel 发现的，某些水果在冷藏的基础上降低气压，其贮存期明显延长，减压贮藏对美国杏李的呼吸强度有显著的抑制作用，从而延迟了呼吸高峰，并维持了果实的贮藏质量。

（二）化学方法

1. 钙处理

钙处理是一种常用的化学防腐方法，它可以降低李子中多酚氧化酶的活性，减少乙烯的生成，并能延缓李果采收后的成熟和衰老，同时还能促进细胞膜的形成，并能维持细胞膜完整。王文凤等采用氯化钙溶液浸泡黑宝石李，能明显地抑制贮藏期间果实质量下降，减少膜质过氧化，延缓果实的衰老，以 1%、2%氯化钙溶液浸泡最佳，而用高浓度氯化钙溶液（2%～6%）浸泡时，其效果却恰恰相反。

2. 1-甲基环丙烯处理

1-甲基环丙烯是一种乙烯抑制剂，它能与乙烯受体不可逆地结合，抑制乙烯的生成，从而延缓老化。1-甲基环丙烯对李子果实采后的成熟和衰老的抑制作用不受贮藏温度的影响，但对室温和低温下李子的贮藏具有一定的促进作用。刘新社等认为，在美国杏李室温贮存 12 个小时后，1-甲基环丙烯可以抑制果实的乙烯释放和呼吸速率，并能保持果实的品质。

（三）生物方法

壳聚糖是一种被广泛应用于果蔬保鲜、抑制细菌活性及抗氧化作用的物质。壳聚糖的涂膜对李果的保鲜效果很好，它能在果皮上形成一层有选择性的薄膜，可以抑制李果的活性氧生成，保持其在低氧条件下，从而达到控制气体交换的目的，并能有效延缓果实水分的流失、表皮的褶皱，保持组织的稳定，减少微生物的老化。

四、李子加工

李子果肉中富含碳水化合物、蛋白质、果酸、维生素 C 等。不管是新鲜水果还是加工食品，其营养价值都很高。李果除鲜食外，还可制成蜜饯、李干、糖水李罐头、蜜李片、加应子等。

（一）话李

1. 工艺流程

原料挑选→清洗→制坯→退盐→浸糖→烘晒→干燥→包装→成品

2. 操作方法

（1）选材、制坯。选用果大、核小、肉厚、八九成熟的鲜李子。把李子用清水冲洗干净，然后把它放到刮皮机里，磨掉一些皮。用 15％～20％的生盐腌制，一层水果，一层盐，最上层用盐封住，然后用木板和石块把它压紧。每隔一段时间，将盐水抽出来，浇在原料上，让盐均匀地渗透，约 1 个月，即可晾干，做成李坯。添加 0.2％的明矾或 0.3％的石灰可以使其变脆。

（2）脱盐。李坯在流水中浸泡 1～2 天，去除 90％的盐分，使其能入口，不会过咸。捞出，晾干，用烘干机烘至半干。将李坯倒进木桶，进行吸料。

（3）糖浸法。先配制成甘草糖浆。用 3 千克的甘草 0.2 千克的肉桂和水 60 千克煮沸，浓缩到 50 千克，滤净。将其中一半加入糖 20 千克，将糖精 100 克溶解为甘草糖浆。将 100 千克的李胚浸入热甘草糖溶液中，12 个小时后取出，晾至半干，收回容器内。然后加入糖 3～5 千克，10 克糖精，100 克柠檬酸，混合后，放入装有李胚的容器中，浸泡 8～12 小时，直到李胚糖液完全饱和，然后将其取出，晾干，加入 3 千克的甘草粉，再加入适量的香精和色素。

（4）包装。用包装袋或塑料盒以 100 克、200 克等定量密封包装。

（二）糖水李子

1. 工艺流程

原料挑选→分选→去皮→预煮→装罐→加热排气→密封→杀菌、冷却→成品

2. 操作方法

（1）原料。果实应选择大小（横径大于 30 毫米，个别品种大于 25 毫米），新鲜饱满，色泽明亮，成熟度为八九成熟，口味正常的李子。

（2）分选。挑选出果面光滑、形态完整的果实，然后按果形大小和色泽分开堆放。

（3）去皮。用碱性溶液 10％～20％的氢氧化钠溶液，将其加热到 98～100℃，然后浸泡 120 秒，去皮后马上放在流水中清洗，去除残留碱液。

（4）预煮。把锅中的水烧开后倒进李果煮 10 分钟，最好不要煮熟。

（5）装罐。称取 310 克果肉，糖水 220 克，装入容量为 500 克的玻璃罐。罐盖与胶圈用沸水煮 5 分钟。

（6）加热排气。将装好的玻璃瓶放在排气箱内，加热排气 10～20 分钟。

（7）密封。罐子的中央温度 80℃时进行密封。瓶盖盖好后，将罐子倒过来 3 分钟，便于消毒。

（8）杀菌、冷却。将罐头放入开水中煮 10～15 分钟，然后用冷水分段冷却。

（三）加应子

1. 工艺流程

原料选择→擦皮→腌坯→烘晒→浸渍调味料→烘晒→包装→成品

2. 操作方法

（1）制坯。选七八成熟的李子每 50 千克，加入 2 千克粗盐，旋转擦破外皮，约 5 分钟。准备好擦皮的李子和占总料量 15%的食盐，一层李子一层盐，落池腌渍，留下部分食盐撒于面上，压实腌渍 50～60 天，捞起晒干即成干坯。

（2）脱盐。将干坯用清水浸泡脱盐，清洗干净（如制无核应子，可捶扁去核），沥水后暴晒或干燥至半干，装入容器中待用，倒入预先熬煮好的甘草汁浸渍。

（3）浸渍调味料。甘草 10 千克，茴香 0.8 千克，桂皮 1 千克，加水 100 千克，加热浓缩至 50 千克，可加工李坯 100 千克。

（4）烘晒。趁热将甘草汁倒入装李坯的容器，加蔗糖 15 千克，上下翻拌均匀。每天翻动 1 次，使果坯均匀吸收甘草糖液。待糖溶解后再加蔗糖 20 千克继续翻动溶解。最后加蔗糖 15 千克并翻动，溶解后捞起烘晒。晒至八成干时即可。同时将剩下的甘草糖液一起煮沸，加入原料坯重 0.1%的柠檬酸、0.015%的糖精和 0.05%的苯甲酸钠，溶解后注入李坯中，进行再次浸渍，待全部甘草糖液被吸收后，捞起烘晒至半干即可。

（5）包装。用玻璃纸紧密包裹单果，外加商标纸，再用复合袋或塑料盒密封包装。

（四）李干

1. 工艺流程

原料选择→浸碱处理→去核→干制→包装→成品

2. 操作方法

（1）原料选择。选用中等果型、外皮薄、肉质细嫩、含糖量高、核小、完全熟、果肉为黄绿色的品种。

（2）原料处理。用浸碱法去除果实表面的蜡质，使其保持干燥。在5～30秒钟内，用0.25％～1.5％的氢氧化钠溶液。浸泡时间太久，易产生剥落或变色，浸泡时间太短，难以脱蜡，浸泡好的果实表面应有细微裂缝。用碱水浸泡过的原料，清洗后，按尺寸分别铺满筛盘。

（3）去核。用水果小刀沿着接合线把果核切开，把果核去掉。

（4）干制。开始烤果时，火力不要太大，温度约45℃左右，烘4～5小时，通风晾5～6小时，再进行第2次烘烤，室温加高到75～80℃，约烤4小时，再端出室外晾5～6小时，然后进行第3次烘烤，温度降到55～60℃，直到烘干为止。大约烘20小时左右，李子干含水量不超过20％。干燥率一般为3∶1。

干燥处理后的产品，经过筛选、分类后，装入装有防潮纸的箱子内，其回软时间大约为15天。

参考文献

敖淼，李福香，赵吉春，等. 柑橘在贮藏加工过程中酚类化合物的变化 [J]. 食品与发酵工业，2019，45（9）：282 - 288.

敖淼. 低温贮藏和留树保鲜过程中'Tarocco'血橙酚类物质变化规律研究 [D]. 重庆：西南大学，2020.

蔡诗鸿，曾晓房，韩珍，等. 柠檬精油功效及其在芳香理疗中的运用 [J]. 农产品加工，2018（14）：56 - 59.

陈林林，米强，辛嘉英. 柑橘皮精油成分分析及抑菌活性研究 [J]. 食品科学，2010，31（17）：25 - 28.

陈思奇，顾苑婷，王霖岚，等. 刺梨不同干燥模型建立及综合品质分析 [J]. 食品科学，2020，41（3）：47 - 54.

陈思奇，顾苑婷，王霖岚，等. 刺梨不同干燥模型建立及综合品质分析 [J]. 食品科学，2020，41（3）：47 - 54.

陈晓彤，潘艳芳，郑桂霞，等. 热处理协同臭氧对沃柑贮藏品质调控研究 [J]. 食品研究与开发，2020，41（12）：21 - 25.

陈晓彤，叶先明，潘艳芳，等. 间歇热处理对柑橘冷害调控研究 [J]. 包装工程，2019，40（17）：8 - 13.

陈毅怡. 百香果果皮黄酮提取分离及其对柠檬果的保鲜效果研究 [D]. 广州：仲恺农业工程学院，2018.

程冯云. 不同加工方式对石榴浊汁微生物和品质的影响研究 [D]. 昆明：昆明理工大学，2021.

程玉娇，秦文霞，赵霞，等. 间歇热处理对血橙变温物流保鲜品质的影响 [J]. 食品与发酵工业，2016，42（10）：196 - 203.

迟敏. 鲜切果蔬加工工艺与保鲜技术探讨 [J]. 现代食品，2020（1）：76 - 77，80.

初丽君，王琼，王敏，等. 不同厚度 PE 膜包装对鲜食石榴籽粒保鲜效果的影响 [J]. 保鲜与加工，2017，17（6）：20 - 26.

董泽义，谭丽菊，王江涛. 壳聚糖保鲜膜研究进展 [J]. 食品与发酵工业，2014，40（6）：147 - 151.

杜腾飞，赵丽娟，王丹丹，等. 柠檬片真空远红外干燥特性及对品质的影响 [J]. 天津科技大学学报，2019，34（3）：22 - 26，33.

段丹萍，鲁丽莎，王海宏，等 . 果蔬涂膜保鲜技术研究现状与应用前景 ［J］. 保鲜与加工，
2009，9（6）：1 - 6.

樊爱萍，曾丽萍，孟金明，等 . 高压静电场结合自发气调对低温冷藏下蒙自石榴的保鲜效
果研究 ［J］. 食品研究与开发，2021，42（8）：56 - 61.

范春丽，刘晓娟，李玉华，等 . 短波紫外线处理对石榴保鲜效果的影响 ［J］. 郑州师范教
育，2021，10（6）：15 - 17.

冯立娟，苑兆和，辛力，等 . 山东省石榴产业发展现状与对策 ［J］. 落叶果树，2011，43
（2）：15 - 19.

高俊花，张润光，张有林 . 1 - MCP 处理对新疆石榴贮藏品质的影响 ［J］. 农产品加工（学
刊），2011（10）：80 - 83.

高瑛 . 四川发展特色水果产业的优势与对策 ［J］. 中国果业信息，2010，27（6）：9 - 11.

耿鹏，陈少华，胡美英，等 . 马克斯克鲁维酵母对柑橘采后绿霉病的抑制效果 ［J］. 华中
农业大学学报，2011，30（6）：712 - 716.

龚琪，朱春华，多建祖，等 . 柠檬保鲜技术研究现状及前景展望 ［J］. 安徽农业科学，
2012，40（20）：10585 - 10587，10596.

郭晓成，张润光，杨莉，等 . 石榴贮藏保鲜技术规范 ［C］//中国石榴研究进展（三）——
第三届中国园艺学会石榴分会会员代表大会暨首届中国泗洪软籽石榴高峰论坛、国家石
榴产业科技创新联盟筹备会论文集，2018：314 - 317.

胡青霞，冯梦晨，司晓丽，等 . 不同采收期对突尼斯软籽石榴采后贮藏品质的影响 ［J］.
河南农业科学，2019，48（12）：140 - 145.

黄雪梅，汪跃华，徐兰英，等 . 拮抗酵母菌对沙糖桔采后绿霉病的抑制作用 ［J］. 中国南
方果树，2011，40（1）：4 - 8，12.

黄艳斌 . 微波真空干燥对柠檬片干燥特性及品质的影响研究 ［D］. 重庆：西南大
学，2017.

贾秀稳，张立华，李先如，等 . 石榴花精油成分分析及清除自由基能力评价 ［J］. 食品科
学，2015，36（24）：152 - 155.

蒋昭琼，王志明，陈敏，等 . 石榴贮藏品质研究 ［J］. 四川农业与农机，2019（2）：27 -
28.

敬思群 . 食品科学实验技术 ［M］. 西安：西安交通大学出版社，2012（12）：192.

李国红 . 特色发酵型果酒加工实用技术 ［M］. 成都：四川科学技术出版社，2018
（5）：79.

李少华，曹琳，杜庆庆，等 . 不同涂膜保鲜剂对柠檬贮藏品质的影响 ［J］. 食品科技，
2017，42（7）：50 - 54.

李淑君，陶吉兰 . 不同干燥方法对胡萝卜品质的影响 ［J］. 广东蚕业，2021，55（2）：27 -

28.

林喜娜，王相友．苹果切片红外辐射干燥模型建立与评价［J］．农业机械学报，2010，41（6）：128-132.

林银凤，温玉辉，董华强，等．臭氧处理对番石榴贮藏保鲜的效果［J］．江苏农业科学，2010（5）：389-390.

刘宝家，李素梅，柳东，等．食品加工技术、工艺和配方大全精选版下［M］．北京：科学技术文献出版社，2005（9）．

刘江．柠檬果胶工艺制备及其在调配型酸性乳饮料中的应用研究［D］．成都：西华大学，2020.

刘猛，李绍钰．植物精油的研究进展［J］．中国畜牧兽医，2011，38（6）：252-254.

刘清化，龙成树，陈永春，等．不同保鲜处理对柠檬贮藏效果的研究［J］．保鲜与加工，2016，16（3）：21-26.

龙娅，胡文忠，萨仁高娃，等．鲜切果蔬精准保鲜包装技术的研究进展［J］．食品与发酵工业，2019，45（12）：249-256.

马寅斐，赵岩，朱风涛，等．我国石榴产业的现状及发展趋势［J］．中国果菜，2013（10）：31-33.

毛海燕，陈祥贵，陈玲琳，等．石榴果醋酿造工艺研究［J］．中国调味品，2013，38（8）：88-92.

毛海燕．石榴果醋酿造工艺研究［D］．成都：西华大学，2013.

乔宇，范刚，谢笔钧，等．固相微萃取：气质联用分析锦橙果皮香气成分［J］．精细化工，2007（8）：800-804.

沈静，王敏，冀晓龙．果蔬干制技术的应用及研究进展［J］．陕西农业科学，2019，65（3）：95-97.

盛韶阳，吴敏，胡纯秋，等．热风：真空复合工艺干燥玉米力学特性研究［J］．农业机械学报，2020，51（S1）：476-482.

王爱伟，孟繁锡，刘春鸽，等．我国石榴产业发展现状及对策［J］．北方果树，2006（6）：35-37.

王博，李亮，龙超安，等．柠檬形克勒克酵母对温州蜜柑"国庆一号"采后贮藏的防腐效果［J］．菌物学报，2008（3）：385-394.

王巨媛，翟胜．植物精油应用进展及开发前景展望［J］．江苏农业科学，2010（4）：1-3.

王璐瑶，帕孜丽亚·托乎提，戴煌．气调保鲜技术在梨贮藏保鲜中的研究进展［J］．中国果菜，2021，41（7）：15-19.

王旭琳，张润光，吴倩，等．石榴采后病害及贮藏保鲜技术研究进展［J］．食品工业科技，2016，37（2）：389-393.

王勇，程根武，杨秀荣，等．利用拮抗酵母菌防治柑橘青霉病的初探［C］//新世纪（首届）全国绿色环保农药技术论坛暨产品展示会论文集，2002：210-213.

王忠合，王军，林倩仪. 超声辅助热风干燥柠檬片的动力学研究及其维生素 C 含量的变化
[J]. 中国食品学报，2020，20（4）：187-196.

吴忠红，张平，阿塔乌拉·铁木尔，等. 咪鲜胺对新疆喀什石榴贮藏品质的影响 [J]. 新
疆农业科学，2015，52（1）：20-25.

谢成华，唐学芳，付兴，等. 四川阿坝州特色水果产业现状及其发展方向 [J]. 资源开发
与市场，2012，28（9）：833-836.

谢焕雄，胡志超，王海鸥，等. 真空冷冻干燥对柠檬挥发性风味化合物保留的影响 [J].
农业工程学报，2018，34（22）：282-290.

谢振文，张帮奎，涂雪令，等. 真空冷冻干燥柠檬片工艺参数优化研究 [J]. 食品与发酵
科技，2010，46（3）：51-54.

邢亚阁，刘茜，江雨若，等. 壳聚糖/纳米 TiO_2 复合涂膜抗菌及物理性能分析 [J]. 西华
大学学报（自然科学版），2018，37（2）：34-39，63.

熊宇. 热水结合杀菌剂处理对"纽荷尔"脐橙果实采后生理及贮藏效果的影响 [D]. 南
昌：江西农业大学，2015.

阎然，傅茂润，陈蕾蕾，等. 解淀粉芽孢杆菌 NCPSJ7 对采后脐橙绿霉病的防治作用及机
制 [J]. 食品科学，2021，42（17）：193-200.

杨雪梅，冯立娟，尹燕雷，等. 紫外及微波处理对鲜切石榴籽粒保鲜品质的影响 [J]. 食
品科学，2016，37（8）：260-265.

杨宗渠，李长看，曲金柱，等. 河阴石榴的采后保鲜技术 [J]. 食品科学，2015，36
（18）：267-271.

姚昕，涂勇. 食品防腐剂对石榴保鲜效果的影响 [J]. 现代农业科技，2020（21）：231-
232，235.

叶青青，李亚娜，候温甫. 壳聚糖/聚赖氨酸对柑橘的保鲜性研究 [J]. 包装工程，2017，
38（17）：52-57.

叶松枝，赵增强. 沼气保鲜石榴技术 [J]. 河南农业，2002（2）：30.

殷晓翠. 发酵石榴汁的工艺研究及品质分析 [D]. 成都：西华大学，2020.

余兴华，沈朝银. 我国石榴产业发展现状与推广图景 [J]. 乡村科技，2019（22）：
36-37.

曾祥燕，赵良忠. 柑橘精油对雪峰蜜桔保鲜效果的影响 [J]. 核农学报，2014，28（12）：
2208-2214.

张丹，李玲玉，郑晓楠，陈琼玲. 柠檬抹茶蛋糕的研制 [J]. 食品安全导刊，2018（15）：
142-144.

张红艳，夏仁学，徐娟，等. '伦晚脐橙'成熟果实及其留树保鲜果实的香气成分分析
[J]. 植物生理学通讯，2010，46（2）：181-184.

张静，张锦丽，杨娟侠，等.泰山红石榴的采收和贮藏保鲜技术［J］.落叶果树，2005 （2）：37-38.

张立华，孙晓飞，张艳侠，等.石榴花化学成分及生物活性研究进展［J］.山东农业科学， 2009（3）：33-35，50.

张润光，张有林，邱绍明.石榴复合贮藏保鲜技术研究［J］.食品工业科技，2011，32 （3）：363-365.

张润光，张有林，张志国.三种涂膜保鲜剂对石榴果实贮期品质的影响［J］.食品工业科 技，2008（1）：261-264.

张润光，张有林，张志国.石榴贮藏期间歇升温处理对果实品质的影响［J］.食品与发 酵工业，2008（1）：160-163.

张永清.石榴籽饼干的研制［J］.粮食与油脂，2017，30（10）：80-83.

张有林，陈锦屏，杜万军.石榴贮期生理变化及贮藏保鲜技术研究［J］.食品工业科技， 2004（12）：118-121.

赵天明.植物精油提取技术研究进展［J］.广州化工，2016，44（13）：16-17，44.

赵文亚.石榴果醋发酵工艺的研究［J］.中国调味品，2011，36（8）：79-81.

钟国莲.四川南部地区水果产业发展现状与发展方向［J］.南方果业，2018，12（32）： 122，124.

周慧娟，乔勇进，王海宏，等.臭氧处理对宫川柑橘保鲜效果的影响［J］.保鲜与加工， 2010，10（3）：12-16.

周琦，彭林，陈厚荣.响应面法优化柠檬片微波真空干燥工艺［J］.食品与发酵工业， 2018，44（4）：186-193.

周锐，李剑伟，张有顺.蒙自甜石榴保鲜技术初探［J］.保鲜与加工，2004（5）：32.

朱春华，李菊湘，周先艳，等.柑橘果实中柠檬苦素及类似物功能活性研究进展［J］.保 鲜与加工，2015，15（6）：78-82.

朱德泉，王继先，朱德文.玉米微波干燥特性及其对品质的影响［J］.农业机械学报， 2006（2）：72-75.

祝进，党寿光，邱源，等.四川水果产业现状及发展对策［J］.中国果业信息，2017，34 （3）：9-10.

图书在版编目（CIP）数据

四川特色水果贮藏与加工 / 李玉锋主编 . —北京：
中国农业出版社，2023.6
ISBN 978-7-109-30545-8

Ⅰ.①四… Ⅱ.①李… Ⅲ.①水果—食品贮藏②水果
加工 Ⅳ.①TS255.3

中国国家版本馆 CIP 数据核字（2023）第 048351 号

中国农业出版社出版

地址：北京市朝阳区麦子店街 18 号楼
邮编：100125
责任编辑：王秀田
责任校对：刘丽香
印刷：北京中兴印刷有限公司
版次：2023 年 6 月第 1 版
印次：2023 年 6 月北京第 1 次印刷
发行：新华书店北京发行所
开本：700mm×1000mm　1/16
印张：12.25
字数：200 千字
定价：68.00 元
